Sammlung Göschen Band 180

Versicherungsmathematik

Von

Dr. Friedrich Böhm

Professor an der Universität München

I

Elemente der Versicherungsrechnung

Dritte, vermehrte und verbesserte Auflage

Durchgesehener Neudruck

Walter de Gruyter & Co.

vormals G. J. Göschen'sche Verlagshandlung — J. Guttentag, Verlagsbuchhandlung — Georg Reimer — Karl J. Tübner — Veit & Comp.

Berlin 1953

Archiv-Nr. 11 01 80

Satz: Walter de Gruyter & Co., Berlin W 35

Druck: Oswald Schmidt GmbH., Leipzig III/18/65

Printed in Germany

5000/197/52

Inhaltsverzeichnis.

III. Kapitel: Die Prämienreserve

Seite

IV. Kapitel: Die Kosten als dritte Rechnungsgrundlage

V. Kapitel: Die Versicherung verbundener Leben

Anhang: Die wichtigsten gesetzlichen Bestimmungen über Prämien- und Reservenberechnung

Sachregister 150/1

Inhalt der 18 Tabellen

Literaturverzeichnis.

a) Bücher:

Berger, A., Die Prinzipien der Lebensversicherungstechnik I/II. Berlin 1923/25.

Bohlmann, G., Lebensversicherungsmathematik (Encyklopädie der math. Wissenschaften: deutsche Ausgabe: I, 852/917. Leipzig 1901; franz. Ausgabe I, 4; 491/590. Leipzig 1911.

Braun, H., Geschichte der Lebensversicherungstechnik. Nürnberg 1925.

Broggi, H., Versicherungsmathematik. Leipzig 1911.

Czuber, E., Wahrscheinlichkeitsrechnung I/II, 3. Aufl. Leipzig 1914/21.

Foerster, E., Politische Arithmetik (Samml. Göschen, Bd. 879). Berlin und Leipzig 1924.

Höckner, G., Änderung der Rechnungsgrundlagen. Leipzig 1907.

Institute of actuaries, Textbook: Henry, A., Calculus and Probability for act. students; Spurgeon, E. F., Life contingencies. London 1922 (Layton).

Jörgensen, N. R., Grundzüge einer Theorie der Lebensversicherung. Jena 1913.

Karup, J., Die Reform des Rechnungswesens. Jena 1903.

Landré, C., Mathematisch-technische Kapitel zur Lebensversicherung, 5. Aufl. Jena 1921.

Lorey, W., u. Beyrodt, G., Tafeln zur Mathematik des Geldverkehrs und der Versicherung. Leipzig 1931.

Patzig, A., Lehrbuch der Versicherungsrechnung und Aufgabensammlung. Eßlingen 1924/5;

Schütze, H., Die mathematischen Grundlagen der Lebensversicherungsmathematik MPhB. 46. Leipzig 1922.

Spitzer, S., Tabellen für die Zinseszins- und Rentenrechnung, ergänzt durch Kurstabellen (E. Foerster). 7. Aufl. Wien 1933.

Zillmer, A., Die mathematischen Rechnungen bei Lebens- und Rentenversicherungen, 2. Aufl. Berlin 1887.

Zwinggi, E., Versicherungsmathematik. Basel 1945.

b) Wiederkehrende Veröffentlichungen:

Blätter der Deutschen Gesellschaft für Versicherungsmathematik. Würzburg.

Berichte des eidgenössischen Versicherungsamtes. Bern.

Ehrenzweigs Assekuranz-Jahrbuch. Wien.

Jahrbuch für Versicherungsmathematik (Rose und Katz), 1. Jahrgang. Berlin 1914 (nicht fortgesetzt).

Mitteilungen der Vereinigung schweizerischer Versicherungsmathematiker. Bern.

— vers. w., des österreichisch-ungarischen Verbandes . . . Wien.

— — des deutschen Vereins für Versicherungswesen in der Tschechoslowakischen Republik . . . Prag.

Verhandlungen der internationalen Versicherungskongresse.

Veröffentlichungen des Reichsaufsichtsamtes für Privatversicherung. Berlin.

— des deutschen Vereins für Versicherungswissenschaft. Berlin.

Zeitschrift für die gesamte Versicherungswissenschaft, herausgegeben vom deutschen Verein für Versicherungswissenschaft. Berlin.

— nebst Beilage: Blätter für Versicherungsmathematik und verwandte Gebiete.

I. Kapitel.

Der Zinsfuß als erste Rechnungsgrundlage.

§ 1. Die gewöhnliche Verzinsung.

Wenn jemand ein Kapital (K M.) einem anderen für eine bestimmte Zeit (n Jahre) zur Verfügung stellt, dessen wirtschaftliche Lage dadurch also verbessert, so ist die einfachste Gegenleistung dafür von seiten dieses anderen die Zahlung einer gewissen Leihgebühr (Z M.), welche

1. von der Höhe K des ausgeliehenen Kapitals,
2. von der Dauer n der Benutzung,
3. von der Leihgebühr i für die Kapitaleinheit 1 M. während der Zeiteinheit 1 Jahr oder — was auf dasselbe hinauskommt — von dem vereinbarten Zinsfuß p (Leihgebühr für 100 M. während eines Jahres)

abhängt:

$$Z = K \cdot n \cdot i = K \cdot n \cdot \frac{p}{100} \dots \qquad (1)$$

Im Falle der einfachen Verzinsung wird der Zins oft erst am Ende der Leihzeit berechnet; die gesamte Schuld in diesem Zeitpunkt ist dann:

$$S = K + Z = K \cdot (1 + ni) = K \cdot \left(1 + \frac{np}{100}\right). \qquad (2)$$

Beispiel: Ein Kapital von 20000 M. wird $1\frac{1}{2}$ Jahre zu 4% ausgeliehen; wie hoch ist am Ende dieser Zeit die Schuld?
$K = 20000$ M. $n = 1{,}5$ $p = 4\%$ $i = 0{,}04$ $ni = 0{,}06$ $1 + ni = 1{,}06$
$Z = 20000 \cdot 1{,}5 \cdot 0{,}04 = 1200$ M.
$S = K + Z = 20000$ M. $+ 1200$ M. $= 20000$ M. $\cdot 1{,}06 =$ **21200 M.**

§ 2. Der Zinseszins.

a) Die Aufzinsung.

Zinseszins entsteht, wenn am Ende einer jeden Zeiteinheit die Zinsen nicht bezahlt, auch nicht — wie im vorhergehenden

Fall — zinslos gestundet, sondern als weitere Schuld zum Kapital geschlagen werden und somit in der nächstfolgenden Zeiteinheit ebenfalls der Verzinsung unterliegen.

Die Einheit des Kapitals trägt während des ersten Jahres den Zins i, gibt also mit i zusammen die Schuld $1 + i = r$ am Ende des 1. Jahres; r heißt der „Aufzinsungsfaktor" oder der „Vermehrungsfaktor".

Ein beliebiges Kapital K_0 wächst also durch die Verzinsung während eines Jahres auf $K_0(1 + i) = K_0 \cdot r = K_1$ an, ver-

Tabelle 1. Die Aufzinsungsfaktoren $(1 + i)^n = r^n$.

n	3%	3½%	4%	4½%	5%
1	1,03	1,035	1,04	1,045	1,05
2	1,0609	1,07123	1,0816	1,09203	1,1025
3	1,09273	1,10872	1,12486	1,14117	1,15763
4	1,12551	1,14752	1,16986	1,19252	1,21551
5	1,15927	1,18769	1,21665	1,24618	1,27628
6	1,19405	1,22926	1,26532	1,30226	1,34010
7	1,22987	1,27228	1,31593	1,36086	1,40710
8	1,26677	1,31681	1,36857	1,42210	1,47746
9	1,30477	1,36290	1,42331	1,48610	1,55133
10	1,34392	1,41060	1,48024	1,55297	1,62889
11	1,38423	1,45997	1,53945	1,62285	1,71034
12	1,42576	1,51107	1,60103	1,69588	1,79586
13	1,46853	1,56396	1,66507	1,77220	1,88565
14	1,51259	1,61869	1,73168	1,85194	1,97993
15	1,55797	1,67535	1,80094	1,93528	2,07893
16	1,60471	1,73399	1,87298	2,02237	2,18287
17	1,65285	1,79468	1,94790	2,11338	2,29202
18	1,70243	1,85749	2,02582	2,20848	2,40662
19	1,75351	1,92250	2,10685	2,30786	2,52695
20	1,80611	1,98979	2,19112	2,41171	2,65330

Beispiel: Auf welche Summe wachsen 30000 M. bei 3½% mit Zins und Zinseszins im Laufe von 12 Jahren an?
$K = 30000$ M. $p = 3\frac{1}{2}\%$ $n = 12$ $i = 0{,}035$ $r = 1{,}035$ Tab. 1: $r^n = 1{,}51107$
$K = 30000 \cdot 1{,}035^{12} = 30000 \cdot 1{,}51107 =$ **45332,10 M.**

vielfacht sich also mit r. Dasselbe geschieht auch im 2. Jahr, wenn von der Schuld nichts zurückbezahlt wird und noch derselbe Zinsfuß gilt usw. Auf diese Weise erreicht die Einheit des Kapitals bis zum Ende des n-ten Jahres mit Zins und Zinseszinsen die Höhe $(1 + i)^n = r^n$, so daß

$$K_n = K_0 \cdot r^n. \tag{3}$$

Die Berechnung von K_n geschieht entweder mit Hilfe von Logarithmen oder mit Hilfe der Tabelle 1, S. 9 (der Potenzen) der Aufzinsungsfaktoren, die angibt, auf welche Höhe 1 M. bei gegebenem Zinsfuß in der gegebenen Zeit infolge beständiger Verzinsung anwächst (Tab. 1, S. 9).

Wegen ausführlicher Tabellen sei auf die Tafeln von Lorey-Beyrodt (Lit.) verwiesen.

b) Die Abzinsung oder Diskontierung.

Diese Aufgabe stellt die Umkehrung der unter a) behandelten dar. Hier lautet also die Fragestellung: „Welche Summe K_0 wächst mit Zins und Zinseszins im Laufe von n Jahren auf die Summe K_n an?“ Oder: „Welchen Wert hat jetzt eine Forderung, die nach Ablauf von n Jahren fällig ist?“ Oder: „Mit welcher Barzahlung kann jetzt eine Schuld, die in n Jahren fällig ist, abgefunden werden?“

K_0 nennt man den „diskontierten“ oder den „gegenwärtigen Wert“ der zukünftigen Schuld K_n; man spricht auch schlechthin von dem „Wert“ oder von dem „Barwert“ der Schuld, weil man mit der baren Summe K_0 die Verpflichtung K_n, die erst nach Ablauf von n Jahren einzulösen ist, jetzt schon ablösen kann.

$$K_0 = \frac{K_n}{(1+i)^n} = \frac{K_n}{r^n} = K_n \cdot v^n \tag{4}$$

$v = \frac{1}{1+i} = \frac{1}{r}$ heißt der „Diskontierungs“- oder „Abzinsungsfaktor“. Die Berechnung von K_0 geschieht entweder mit Hilfe von Logarithmen oder mit Hilfe der Tabelle 2 (der Potenzen) der Abzinsungsfaktoren, die angibt, welche Summe bei gegebenem Zinsfuß in der gegebenen Zeit infolge beständiger Verzinsung die Höhe 1 M. erreicht. (NB.! $r^n \cdot v^n = 1$)

Tabelle 2. Die Abzinsungsfaktoren $\frac{1}{(1+i)^n} = v^n$.

n	3%	3½%	4%	4½%	5%
1	0,97087	0,96618	0,96154	0,95694	0,95238
2	0,94260	0,93351	0,92456	0,91573	0,90703
3	0,91514	0,90194	0,88900	0,87630	0,86384
4	0,88849	0,87144	0,85480	0,83856	0,82270
5	0,86261	0,84197	0,82193	0,80245	0,78353
6	0,83748	0,81350	0,79031	0,76790	0,74622
7	0,81309	0,78599	0,75992	0,73483	0,71068
8	0,78941	0,75941	0,73069	0,70319	0,67684
9	0,76642	0,73373	0,70259	0,67290	0,64461
10	0,74409	0,70892	0,67556	0,64393	0,61391
11	0,72242	0,68495	0,64958	0,61620	0,58468
12	0,70138	0,66178	0,62460	0,58966	0,55684
13	0,68095	0,63940	0,60057	0,56427	0,53032
14	0,66112	0,61778	0,57748	0,53997	0,50507
15	0,64186	0,59689	0,55526	0,51672	0,48102
16	0,62317	0,57671	0,53391	0,49447	0,45811
17	0,60502	0,55720	0,51337	0,47318	0,43630
18	0,58739	0,53836	0,49363	0,45280	0,41552
19	0,57029	0,52016	0,47464	0,43330	0,39573
20	0,55368	0,50257	0,45639	0,41464	0,37689

Beispiel: Mit welcher Summe kann eine nach 16 Jahren fällige Forderung von 50000 M. abgelöst werden, wenn 3% Zinsen berechnet werden?

$K = 50000$ M. $n = 16$ $p = 3\%$ Tab. 2: $v^n = 0{,}62317$

$K = 50000 \cdot 0{,}62317 =$ **31158,50 M.**

Anmerkung: Von unserem Diskont völlig verschieden ist der sog. kaufmännische Diskont von, in und auf 100, bei dem nur einfache Verzinsung (§ 1) zur Anwendung gelangt.

§ 3. Die Zeitrente.

Unter Zeitrente versteht man allgemein Zahlungen, welche regelmäßig in gewissen Abständen geleistet werden. Handelt es sich dabei um Einzahlungen, so wollen wir dieselben als Prämien bezeichnen, Auszahlungen dagegen als Renten.

a) Endwert vorschüssiger Prämien.

Es handelt sich hier um die wiederholte Anwendung des § 2a, und zwar um den einfachen Fall, daß zu Beginn eines jeden Jahres n Jahre lang gleiche Prämien P einbezahlt werden, die der Verzinsung unterliegen; der Zins wird jeweils am Ende des Jahres bestimmt und zu der bisher angesammelten Summe geschlagen. Man kann aber auch den gesamten Endwert als Summe der Endwerte der einzelnen Prämien bestimmen:

Die 1. Prämie wächst im Laufe von n Jahren auf $P \cdot r^n$
„ 2. „ „ „ „ „ $n-1$ „ „ $P \cdot r^{n-1}$
„ 3. „ „ „ „ „ $n-2$ „ „ $P \cdot r^{n-2}$
. . . .
„ n. „ „ „ „ „ 1 Jahr „ $P \cdot r$ an.

Der Endwert aller Prämien beträgt also

$$E_n = P \cdot (r^n + r^{n-1} + r^{n-2} \ldots + r) = P \cdot s_{\overline{n}|}. \qquad (5)$$

Für den Fall $P = 1$ erhalten wir:

$$s_{\overline{n}|} = r + r^2 + r^3 + \cdots + r^n = \frac{r^{n+1} - r}{r - 1} = \frac{r}{i}(r^n - 1);$$

$s_{\overline{n}|}$ ist also die Summe der ersten n Potenzen von r.

Die folgende Tabelle 3 gibt die Werte $s_{\overline{n}|}$ auf 4 Dezimalstellen genau wieder und läßt sich aus Tabelle 1 durch sukzessive Addition errechnen; die Rekursionsformel für $s_{\overline{n}|}$ ist:

$$s_{\overline{n}|} = (s_{\overline{n-1}|} + 1) \cdot r. \qquad (5\,r)$$

Tabelle 3. Die Endwerte von n vorschüssigen Prämien 1 am Ende des n-ten Jahres.

$$r + r^2 + r^3 + \cdots + r^n = s_{\overline{n|}}.$$

n	3%	3½%	4%	4½%	5%
1	1,0300	1,0350	1,0400	1,0450	1,0500
2	2,0909	2,1062	2,1216	2,1370	2,1525
3	3,1836	3,2149	3,2465	3,2782	3,3101
4	4,3091	4,3625	4,4163	4,4707	4,5256
5	5,4684	5,5502	5,6330	5,7169	5,8019
6	6,6625	6,7794	6,8983	7,0192	7,1420
7	7,8923	8,0517	8,2142	8,3800	8,5491
8	9,1591	9,3685	9,5828	9,8021	10,0266
9	10,4639	10,7314	11,0061	11,2882	11,5779
10	11,8078	12,1420	12,4864	12,8412	13,2068
11	13,1920	13,6020	14,0258	14,4640	14,9171
12	14,6178	15,1130	15,6268	16,1599	16,7130
13	16,0863	16,6770	17,2919	17,9321	18,5986
14	17,5989	18,2957	19,0236	19,7841	20,5786
15	19,1569	19,9710	20,8245	21,7193	22,6575
16	20,7616	21,7050	22,6975	23,7417	24,8404
17	22,4144	23,4997	24,6454	25,8551	27,1324
18	24,1169	25,3572	26,6712	28,0636	29,5390
19	25,8704	27,2797	28,7781	30,3714	32,0660
20	27,6765	29,2695	30,9692	32,7831	34,7193

Beispiel: Auf welche Summe wachsen 12 nacheinander jedesmal zu Beginn des Jahres gemachte Einlagen von je 400 M. bei 4% bis zum Schlusse des 12. Jahres an?

$P = 400$ M. $n = 12$ $p = 4\%$ $r = 1{,}04$ Tab. 3: $s_{\overline{12|}} = 15{,}6268$

$E = 400 \cdot 15{,}6268 =$ **6250,72 M.**

b) Barwert nachschüssiger Renten.

Die wiederholte Anwendung des § 2b führt zu der folgenden Fragestellung: „Welchen Barwert haben n in der gleichen Höhe R nachschüssig gezahlte Renten?“ Oder: „Mit welcher Summe können solche jährlich wiederkehrenden Leistungen abgelöst werden?“

Der Barwert der am Ende des 1. Jahres fälligen Rente ist $R \cdot v$

„ „ „ „ „ „ 2. „ „ „ „ $R \cdot v^2$

„ „ „ „ „ „ 3. „ „ „ „ $R \cdot v^3$

. . . .

„ „ „ „ „ „ n. „ „ „ „ $R \cdot v^n$.

Der Barwert aller Rentenzahlungen beträgt also

$$B_n = R \cdot (v + v^2 + v^3 + \cdots + v^n) = R \cdot \boldsymbol{a}_{\overline{n|}}. \qquad (6)$$

Für den Fall $R = 1$ erhalten wir

$$\boldsymbol{a}_{\overline{n|}} = v + v^2 + v^3 + \cdots + v^n = \frac{v - v^{n+1}}{1 - v} = \frac{v}{d} \cdot (1 - v^n) = \frac{1 - v^n}{i},$$

wobei $d = 1 - v = \frac{i}{r} = i \cdot v = \frac{i}{1+i}$.

Die Tabelle 4 (S. 15) gibt die Werte $\boldsymbol{a}_{\overline{n|}}$ auf 4 Dezimalstellen genau wieder und läßt sich aus Tabelle 2 durch sukzessive Addition gewinnen; die Rekursionsformel für $\boldsymbol{a}_{\overline{n|}}$ ist:

$$\boldsymbol{a}_{\overline{n|}} = v \cdot (1 + \boldsymbol{a}_{\overline{n-1|}}). \qquad (6\,r)$$

c) Endwert nachschüssiger Prämien.

Von der in a) berechneten Summe E_n kommt hier der Endwert der 1. vorschüssigen Prämie in Abzug; dagegen erhöht sich E_n um die letzte nachschüssige Prämie; es ist also

$$E'_n = E_n - P \cdot r^n + P \qquad (7)$$
$$= P \cdot (r^{n-1} + r^{n-2} + r^{n-3} \ldots + r + 1) = P \cdot \boldsymbol{s}_{\overline{n|}}.$$

Für den Fall $P = 1$ erhält man: $\boldsymbol{s}_{\overline{n|}} = \mathrm{s}_{\overline{n-1|}} + 1 = \frac{r^n - 1}{i} = \mathrm{s}_{\overline{n|}} \cdot v$.

Eine neue Tabelle ist hier nicht nötig; man nimmt aus Tabelle 3 den Wert $\mathrm{s}_{\overline{n-1|}}$, der der Zeit $n - 1$ entspricht und vermehrt ihn um 1.

Beispiel: Es werden 13 Jahre lang jährlich am Ende des Jahres 800 M. eingelegt; wie groß ist bei 3% das Guthaben am Ende des 13. Jahres?

$P = 800$ M. $n = 13$ $p = 3\%$ Tab. 3: $\mathrm{s}_{12} = 14{,}6178$, $\boldsymbol{s}_{\overline{13|}} = 15{,}6178$

$E'_n = 800 \cdot 15{,}6178 =$ **12494,24 M.**

Tabelle 4. Die Barwerte von n nachschüssigen Renten 1 am Anfang des 1. Jahres.

$$v + v^2 + v^3 + \cdots + v^n = a_{\overline{n}|}$$

n	3%	3½%	4%	4½%	5%
1	0,9709	0,9662	0,9615	0,9569	0,9524
2	1,9135	1,8997	1,8861	1,8727	1,8594
3	2,8286	2,8016	2,7751	2,7490	2,7232
4	3,7171	3,6731	3,6299	3,5875	3,5460
5	4,5797	4,5151	4,4518	4,3900	4,3295
6	5,4172	5,3286	5,2421	5,1579	5,0757
7	6,2303	6,1145	6,0021	5,8927	5,7864
8	7,0197	6,8740	6,7327	6,5959	6,4632
9	7,7861	7,6077	7,4353	7,2688	7,1078
10	8,5302	8,3166	8,1109	7,9127	7,7217
11	9,2526	9,0016	8,7605	8,5289	8,3064
12	9,9540	9,6633	9,3851	9,1186	8,8633
13	10,6350	10,3027	9,9856	9,6829	9,3936
14	11,2961	10,9205	10,5631	10,2228	9,8986
15	11,9379	11,5174	11,1184	10,7395	10,3797
16	12,5611	12,0941	11,6523	11,2340	10,8378
17	13,1661	12,6513	12,1657	11,7072	11,2741
18	13,7535	13,1897	12,6593	12,1600	11,6896
19	14,3238	13,7098	13,1339	12,5933	12,0853
20	14,8775	14,2124	13,5903	13,0079	12,4622

Beispiel: Welche Höhe muß eine Kapitaleinlage haben, um aus ihr 18 Jahre lang jährlich am Ende des Jahres 700 M. abheben zu können? (3½%).

$R = 700$ M. $n = 18$ $p = 3½\%$ Tab. 4: $a_{\overline{18}|} = 13{,}1897$

$B = 700 \cdot 13{,}1897 =$ **9232,79 M.**

d) Barwert vorschüssiger Renten.

Hier kommt zu dem in b) berechneten Barwert B_n die erste vorschüssige Rente hinzu; dagegen fällt der Barwert der letzten nachschüssigen Rente weg; es ist also

$$B'_n = B_n + R - R \cdot v^n = R \cdot (1 + v + v^2 + \cdots + v^{n-1}) = R \cdot \mathfrak{a}_{\overline{n}|}. \quad (8)$$

Im Falle $R = 1$ erhält man:

$$\mathfrak{a}_{\overline{n}|} = 1 + a_{\overline{n-1}|} = \frac{1 - v^n}{d} = r \cdot a_{\overline{n}|}.$$

Auch hier ist keine neue Tabelle nötig; man nimmt den Wert $\boldsymbol{a}_{\overline{n-1}|}$ aus Tabelle 4, der der Zeit $n-1$ entspricht und vermehrt ihn um 1.

Beispiel: Es sollen jährlich zu Beginn des Jahres 16 Jahre lang je 1600 M. ausbezahlt werden; welches Kapital muß dazu vorhanden sein ($3\frac{1}{2}\%$)?
$R = 1500$ M. $n = 16$ $p = 3\frac{1}{2}\%$ Tab. 4: $\boldsymbol{a}_{\overline{15}|} = 11{,}5174$ $\mathbf{a}_{\overline{16}|} = 12{,}5174$
$B' = 1500 \cdot 12{,}5174 =$ **18776,10 M.**

Anmerkung: Man beachte, daß für die vorschüssigen Zahlungen die Symbole $\mathbf{s}$ und $\mathbf{a}$ und für die nachschüssigen Zahlungen die Symbole $\boldsymbol{s}$ und $\boldsymbol{a}$ verwendet werden. Zwischen ihnen bestehen die folgenden Beziehungen:

$$\mathbf{s}_{\overline{n}|} = r \cdot \boldsymbol{s}_{\overline{n}|} = r^{n} \cdot \mathbf{a}_{\overline{n}|} = r^{n+1} \cdot \boldsymbol{a}_{\overline{n}|} \qquad (5')$$
$$\boldsymbol{s}_{\overline{n}|} = v \cdot \mathbf{s}_{\overline{n}|} = r^{n-1} \cdot \mathbf{a}_{\overline{n}|} = r^{n} \cdot \boldsymbol{a}_{\overline{n}|} \qquad (7')$$
$$\mathbf{a}_{\overline{n}|} = v^{n}\ \mathbf{s}_{\overline{n}|} = v^{n-1} \cdot \boldsymbol{s}_{\overline{n}|} = r\ \boldsymbol{a}_{\overline{n}|} \qquad (8')$$
$$\boldsymbol{a}_{\overline{n}|} = v^{n+1} \cdot \mathbf{s}_{\overline{n}|} = v^{n}\ \boldsymbol{s}_{\overline{n}|} = v\ \mathbf{a}_{\overline{n}|}. \qquad (6')$$

§ 4. Die Berechnung der Höhe der Zeitrente.

a) Berechnung der Rente aus dem Barwert.

Es ist wieder zu unterscheiden, ob die Rente nach- oder vorschüssig zu zahlen ist. Gegeben ist der Barwert B bzw. B', gesucht die Höhe der Rente. Die Lösung ergibt sich aus der Umkehrung der Gleichungen (6) bzw. (8):

$$R = \frac{B}{\boldsymbol{a}_{\overline{n}|}} \quad \text{bzw.} \quad R = \frac{B'}{\mathbf{a}_{\overline{n}|}}. \qquad (9 \text{ u. } 9a)$$

Für den überwiegend vorkommenden Fall der nachschüssigen Rente sind für $B = 1$ die Werte $\frac{1}{\boldsymbol{a}_{\overline{n}|}}$ (d. h. die reziproken Werte der Tabelle 4) in der Tabelle 5 vereinigt; sie geben uns den Betrag an, welcher aus einer Einlage 1 eine bestimmte Zeit lang jährlich nachschüssig ausbezahlt werden kann.

Die Tabelle 5 gibt auch den Betrag der jährlich nachschüssig zu zahlenden Tilgungsquote an, welcher in der angegebenen Zeit bei dem vereinbarten Zinsfuß zur Tilgung einer Schuld 1 (einschließlich der Verzinsung der Restschuld) aufzuwenden ist.

Tabelle 5. Die Beträge einer nachschüssigen Rente von n-jähriger Dauer aus einer Einlage 1 (Tilgungsquoten).

$$\frac{1}{v + v^2 + v^3 + v^4 + \cdots + v^n} = \frac{1}{a_{\overline{n}|}}.$$

n	3%	3½%	4%	4½%	5%
1	1,03000	1,03500	1,04000	1,04500	1,05000
2	0,52261	0,52640	0,53020	0,53400	0,53780
3	0,35353	0,35693	0,36035	0,36377	0,36721
4	0,26903	0,27225	0,27549	0,27874	0,28201
5	0,21835	0,22148	0,22463	0,22779	0,23097
6	0,18460	0,18767	0,19076	0,19388	0,19702
7	0,16051	0,16354	0,16661	0,16970	0,17282
8	0,14246	0,14548	0,14853	0,15161	0,15472
9	0,12843	0,13145	0,13449	0,13757	0,14069
10	0,11723	0,12024	0,12329	0,12638	0,12950
11	0,10808	0,11109	0,11415	0,11725	0,12039
12	0,10046	0,10348	0,10655	0,10967	0,11283
13	0,09403	0,09706	0,10014	0,10328	0,10646
14	0,08853	0,09157	0,09467	0,09782	0,10102
15	0,08377	0,08683	0,08994	0,09311	0,09634
16	0,07961	0,08268	0,08582	0,08902	0,09227
17	0,07595	0,07904	0,08220	0,08542	0,08870
18	0 07271	0,07582	0,07899	0,08224	0,08555
19	0,06981	0,07294	0,07614	0,07941	0,08275
20	0,06722	0,07036	0,07358	0,07688	0,08024

Beispiel: Eine Schuld von 20000 M. soll in 20 Jahren getilgt werden; welcher Betrag ist jährlich am Jahresende zu entrichten, wenn 3% gerechnet werden?

$B = 20000$ M. $n = 20$ $p = 3\%$ Tab. 5: $\frac{1}{a_{\overline{20}|}} = 0{,}06722$

$R = 20000 \cdot 0{,}06722 =$ **1344,40 M.**

b) Berechnung der Prämie aus dem Endwert.

Auch hier ist zu unterscheiden, ob die Prämie vor- oder nachschüssig zu entrichten ist. Gegeben ist der Endwert E bzw. E', gesucht ist die Höhe der Prämie. Die Lösung ergibt sich aus der Umkehrung der Gleichungen (5) bzw. (7):

$$P = \frac{E}{s_{\overline{n}|}} \text{ bzw. } P = \frac{E'}{s_{\overline{n}|}}. \qquad (10 \text{ u. } 10\text{a})$$

Für den überwiegend vorkommenden Fall der vorschüssigen Prämie sind für $E = 1$ die Werte $\frac{1}{s_{\overline{n}|}}$ (d. h. die reziproken Werte der Tabelle 3) in der Tabelle 6 vereinigt; sie geben also den Betrag an, den man eine bestimmte Zahl von Jahren zu Jahresanfang einlegen muß, um schließlich bis zum Ende dieser Zeit die Summe 1 zu ersparen (Sparquoten).

Die Tabelle 6 gibt auch den Betrag der jährlich vorschüssig zu zahlenden Tilgungsquote an, welcher bei dem vereinbarten Zinsfuß zur Tilgung einer künftigen Schuld 1 aufzuwenden ist.

Tabelle 6. Die Beträge einer vorschüssigen Prämie (n Jahre zahlbar) für eine Summe 1 fällig am Ende des n. Jahres (Sparquoten).

$$\frac{1}{r + r^2 + r^3 + \cdots + r^n} = \frac{1}{s_{\overline{n}|}}.$$

n	3%	3½%	4%	4½%	5%
1	0,97087	0,96618	0,96154	0,95694	0,95238
2	0,47826	0,47479	0,47134	0,46795	0,46458
3	0,31411	0,31105	0,30802	0,30505	0,30211
4	0,23207	0,22923	0,22643	0,22368	0,22097
5	0,18287	0,18017	0,17753	0,17492	0,17236
6	0,15009	0,14751	0,14496	0,14247	0,14002
7	0,12671	0,12420	0,12174	0,11933	0,11697
8	0,10918	0,10674	0,10435	0,10202	0,09973
9	0,09557	0,09318	0,09086	0,08859	0,08637
10	0,08469	0,08236	0,08009	0,07787	0,07572
11	0,07580	0,07352	0,07130	0,06914	0,06704
12	0,06841	0,06617	0,06399	0,06188	0,05983
13	0,06216	0,05996	0,05783	0,05577	0,05377
14	0,05682	0,05466	0,05257	0,05055	0,04859
15	0,05220	0 05007	0,04802	0,04604	0,04414
16	0,04817	0,04607	0,04406	0,04212	0,04026
17	0,04461	0,04255	0,04058	0,03868	0,03686
18	0,04146	0,03944	0,03749	0,03563	0,03385
19	0,03865	0,03666	0,03475	0,03293	0,03119
20	0,03613	0,03417	0,03229	0,03050	0,02880

Beispiel: Jemand will sich durch jährlich wiederkehrende vorschüssige Zahlungen im Verlaufe von 18 Jahren eine Summe von 70000 M. ersparen; wie hoch ist bei 4% die jährliche Einlage?

$$E = 70000 \text{ M.} \quad n = 18 \quad p = 4\% \quad \text{Tab. 6: } \frac{1}{s_{\overline{18}|}} = 0{,}03749$$

$$P = 70000 \cdot 0{,}03749 = \mathbf{2624{,}30\ M.}$$

c) Aufgeschobener Beginn des Rentenbezugs und abgekürzte Dauer der Prämienzahlung.

Eine geringe Änderung der Formeln (9) und (10) ergibt sich in dem Fall, daß zwischen Einlage und Bezug der Rente eine gewisse Frist eingeschaltet wird (Fall der aufgeschobenen Rente) — oder daß nach Beendigung der Prämienzahlung das ersparte Kapital noch eine Zeitlang stehenbleibt (Fall der abgekürzten Prämienzahlung).

Es sind dann die folgenden Gleichungen aufzustellen:

$$B \cdot r^{n_1} = R \cdot a_{\overline{n_2}|} \text{ d. h. } B = R \cdot v^{n_1} \cdot a_{\overline{n_2}|} \text{ und } R = \frac{B \cdot r^{n_1}}{a_{\overline{n_2}|}} \qquad (9')$$

$$P \cdot s_{\overline{n_1}|} = v^{n_2} \cdot E \text{ d. h. } E = P \cdot r^{n_2} \cdot s_{\overline{n_1}|} \text{ und } P = \frac{E \cdot v^{n_2}}{s_{\overline{n_1}|}}. \qquad (10')$$

Beispiel 1: Ein Kapital von 10000 M. soll erst noch 10 Jahre der Verzinsung unterliegen ($3\frac{1}{2}\%$), bevor 15 Jahre lang eine nachschüssige Rente ausbezahlt wird; wie hoch ist diese aufgeschobene Rente, wenn das ganze Kapital aufgebraucht werden kann?

$$B = 10000 \text{ M.} \quad n_1 = 10 \quad n_2 = 15 \quad p = 3\tfrac{1}{2}\% \quad \text{Tab. 1: } r^{10} = 1{,}41060$$

$$\text{Tab. 5: } \frac{1}{a_{\overline{15}|}} = 0{,}08683$$

$$R = 100000 \cdot 1{,}41060 \cdot 0{,}08683 = \mathbf{1224{,}82\ M.}$$

Beispiel 2: Es soll innerhalb von 25 Jahren ein Kapital von 30000 M. in der Weise erspart werden, daß in den ersten 12 Jahren gleiche vorschüssige Einlagen gemacht werden; wie hoch ist bei 3% diese abgekürzte Prämie?

$$E = 30000 \text{ M.} \quad n_1 = 12 \quad n_2 = 13 \quad p = 3\% \quad \text{Tab. 2: } v^{13} = 0{,}68095$$

$$\text{Tab. 6: } \frac{1}{s_{\overline{12}|}} = 0{,}06841$$

$$P = 30000 \text{ M.} \cdot 0{,}68095 \cdot 0{,}06841 = \mathbf{1397{,}51\ M.}$$

§ 5. Die Verbindung von Einzahlungen und Auszahlungen.

Meistens werden die Einlagen für eine Rente nicht auf einmal gemacht, auch werden aufgesparte Prämien nicht immer auf einmal abgehoben. Im allgemeinen wird man an der Regel festhalten können, daß, wenn Prämien und Renten miteinander verbunden sind, beide vorschüssig oder beide nachschüssig geleistet werden. Es können auch Zeiten eingeschaltet werden, in denen weder eingezahlt noch ausbezahlt wird. Wie dem auch sei, es gibt immer zwei wesentlich verschiedene Methoden, solche Aufgaben zu lösen:

1. Man diskontiert alle Zahlungen auf den Beginn des 1. Jahres (prospektive Methode).
2. Man zinst alle Zahlungen bis an das Ende des letzten Jahres auf (retrospektive Methode).

Im ersten Fall muß die Summe aller diskontierten Prämien gleich der Summe aller diskontierten Renten sein; im zweiten Fall ist die Summe aller aufgezinsten Prämien gleich der Summe aller aufgezinsten Renten. Ob man nun die eine oder die andere Methode anwendet, stets besteht zwischen den abgezinsten bzw. aufgezinsten Prämien und Renten Gleichgewicht. Man kann auch einen beliebigen Zeitpunkt zwischen Beginn und Ende des Unternehmens wählen, u. a. auch das Ende der Einzahlungen oder den Beginn der Auszahlungen; eine Kombination der beiden Methoden ergibt, daß in jedem Zeitpunkt des Unternehmens Gleichgewicht besteht, wenn man bereits geleistete Zahlungen auf diesen Zeitpunkt aufzinst und noch ausstehende Zahlungen auf diesen Zeitpunkt abzinst (Äquivalenzprinzip von Leistung und Gegenleistung).

Die Prämie werde n_1 Jahre einbezahlt, und unmittelbar daran anschließend werde die Rente n_2 Jahre ausbezahlt.

a) Berechnung der Prämie aus der Rente.

1. Beide Zahlungen erfolgen vorschüssig:

Prospektive Methode:

$$P \cdot (1 + v + v^2 + \cdots + v^{n_1-1})$$
$$= R \cdot (v^{n_1} + v^{n_1+1} + v^{n_1+2} + \cdots + v^{n_1+n_2-1})$$
$$P \cdot \mathbf{a}_{\overline{n_1}|} = R \cdot v^{n_1} \cdot \mathbf{a}_{\overline{n_2}|}$$
$$P = R \cdot v^{n_1} \cdot \frac{\mathbf{a}_{\overline{n_2}|}}{\mathbf{a}_{\overline{n_1}|}} \tag{11a}$$

Aus Tabelle 2 erhält man v^{n_1}, aus Tabelle 4 $\mathbf{a}_{\overline{n_1}|} = 1 + a_{\overline{n_1-1}|}$

,, $\mathbf{a}_{\overline{n_2}|} = 1 + a_{\overline{n_2-1}|}$

Retrospektive Methode:

$$P \cdot (r^{n_1+n_2} + r^{n_1+n_2-1} + r^{n_1+n_2-2} + \cdots + r^{n_2+1})$$
$$= R \cdot (r^{n_2} + r^{n_2-1} + r^{n_2-2} + \cdots r)$$
$$P \cdot \mathbf{s}_{\overline{n_1}|} \cdot r^{n_2} = R \cdot \mathbf{s}_{\overline{n_2}|}$$
$$P = R \cdot v^{n_2} \cdot \frac{\mathbf{s}_{\overline{n_2}|}}{\mathbf{s}_{\overline{n_1}|}} \tag{11b}$$

Aus Tabelle 2 erhält man v^{n_2}, aus Tabelle 3: $\mathbf{s}_{\overline{n_2}|}$

und aus Tabelle 6: $\frac{1}{\mathbf{s}_{\overline{n_1}|}}$.

Man wird also, wenn wie hier die Werte $\mathbf{s}_{\overline{n_2}|}$ und $\frac{1}{\mathbf{s}_{\overline{n_1}|}}$ aus den Tabellen 3 und 6 bekannt sind, die retrospektive Methode der prospektiven vorziehen.

Beispiel: Welche Einlage muß jährlich zu Beginn des Jahres 10 Jahre lang gemacht werden, damit unmittelbar daran anschließend ebenfalls vorschüssig 15 Jahre lang 600 M. ausbezahlt werden können ($3\frac{1}{2}\%$)?

$n_1 = 10 \quad n_2 = 15 \quad p = 3\frac{1}{2}\% \quad R = 600$ M.

Prospektiv:

Tab. 2: $v^{10} = 0{,}70892$
Tab. 4: $a_{\overline{14}|} = 10{,}9205$
,, $a_{\overline{9}|} = 7{,}6077$

$$P = 600 \cdot 0{,}70892 \cdot \frac{11{,}9205}{8{,}6077} = \mathbf{589{,}10\ M.}$$

Retrospektiv:

Tab. 2: $v^{15} = 0{,}59689$
Tab. 3: $\mathbf{s}_{\overline{15}|} = 19{,}9710$
Tab. 6: $\frac{1}{\mathbf{s}_{\overline{10}|}} = 0{,}08236$

$$P = 600 \cdot 0{,}59689 \cdot 19{,}9710 \cdot 0{,}08236 = \mathbf{589{,}06\ M.}$$

2. Beide Zahlungen erfolgen **nachschüssig**:

Prospektive Methode:

$$P \cdot (v + v^2 + v^3 + \cdots v^{n_1})$$
$$= R \cdot (v^{n_1+1} + v^{n_1+2} + v^{n_1+3} + \cdots v^{n_1+n_2})$$
$$P \cdot a_{\overline{n_1}|} = R \cdot v^{n_1} \cdot a_{\overline{n_2}|}$$
$$P = R \cdot v^{n_1} \cdot \frac{a_{\overline{n_2}|}}{a_{\overline{n_1}|}}. \qquad (11c)$$

Aus Tabelle 2 erhält man v^{n_1}, aus Tabelle 4: $a_{\overline{n_2}|}$ und aus Tabelle 5: $\frac{1}{a_{\overline{n_1}|}}$.

Retrospektive Methode:

$$P \cdot (r^{n_1+n_2-1} + r^{n_1+n_2-2} + r^{n_1+n_2-3} + \cdots r^{n_2})$$
$$= R \cdot (r^{n_2-1} + r^{n_2-2} + r^{n_2-3} + \cdots 1)$$
$$P \cdot s_{\overline{n_1}|} \cdot r^{n_2} = R \cdot s_{\overline{n_2}|}$$
$$P = R \cdot v^{n_2} \cdot \frac{s_{\overline{n_2}|}}{s_{\overline{n_1}|}}. \qquad (11d)$$

Aus Tabelle 2 erhält man v^{n_2}, aus Tabelle 3: $s_{\overline{n_2}|} = 1 + s_{\overline{n_2-1}|}$
,, $s_{\overline{n_1}|} = 1 + s_{\overline{n_1-1}|}$.

Man wird bei nachschüssiger Zahlung, da die Werte $a_{\overline{n_2}|}$ und $\frac{1}{a_{\overline{n_1}|}}$ aus den Tabellen 4 und 5 bekannt sind, die prospektive Methode der retrospektiven vorziehen.

Beispiel: wie oben nur mit nachschüssigen Zahlungen.

Prospektiv:

$$\left.\begin{array}{ll} \text{Tab. 2: } v^{10} & = 0{,}70892 \\ \text{Tab. 4: } a_{\overline{15}|} & = 11{,}5174 \\ \text{Tab. 5: } \dfrac{1}{a_{\overline{10}|}} & = 0{,}12024 \end{array}\right\} P = 600 \cdot 0{,}70892 \cdot 11{,}5174 \cdot 0{,}12024 = \mathbf{589{,}05\ M.}$$

Retrospektiv:

$$\left.\begin{array}{ll} \text{Tab. 2: } v^{15} & = 0{,}59689 \\ \text{Tab. 3: } s_{\overline{14}|} & = 18{,}2957 \\ \quad s_{\overline{9}|} & = 10{,}7314 \end{array}\right\} P = 600 \cdot 0{,}59689 \cdot \frac{19{,}2957}{11{,}7314} = \mathbf{589{,}06\ M.}$$

Wie man sieht, unterscheiden sich die 4 Werte für P numerisch nur in der letzten Dezimale; die einzelnen Formelausdrücke für P lassen sich durch Erweiterung von Zähler und Nenner mit geeigneten Faktoren unschwer ineinander überführen, und zwar mit Hilfe der Beziehungen 5′, 6′, 7′, 8′.

Stehen einem die Tabellen 1 bis 6 zur Verfügung, so verwendet man entweder 11b oder 11c.

b) Berechnung der Rente aus der Prämie.

Diese Aufgabe ist die Umkehrung der Aufgabe a); wir können also ohne besondere Schwierigkeit die Lösungen sofort hinschreiben:

1. Beide Zahlungen werden vorschüssig bezahlt:

$$\text{prospektiv: } R = P \cdot r^{n_1} \cdot \frac{\mathbf{a}_{\overline{n_1}|}}{\mathbf{a}_{\overline{n_2}|}} \tag{12a}$$

$$\text{retrospektiv: } R = P \cdot r^{n_2} \cdot \frac{\mathbf{s}_{\overline{n_1}|}}{\mathbf{s}_{\overline{n_2}|}}. \tag{12b}$$

2. Beide Zahlungen werden nachschüssig bezahlt:

$$\text{prospektiv: } R = P \cdot r^{n_1} \cdot \frac{a_{\overline{n_1}|}}{a_{\overline{n_2}|}} \tag{12c}$$

$$\text{retrospektiv: } R = P \cdot r^{n_2} \cdot \frac{s_{\overline{n_1}|}}{s_{\overline{n_2}|}}. \tag{12d}$$

Hat man die Tabellen 1 bis 6 zur Verfügung, so wird zur Berechnung von R entweder (12b) oder (12c) verwendet. Die 4 Formeln (12a), (12b), (12c) und (12d) können ineinander übergeführt werden, müssen also numerisch in den Grenzen der hier angestrebten Genauigkeit dieselben Zahlwerte ergeben, wie auch aus dem folgenden Beispiel hervorgeht.

Beispiel: Jemand macht jährlich am Jahresanfang (-ende) 12 Jahre lang Einzahlungen in der Höhe von 500 M.; welche Rente kann er hernach unmittelbar daran anschließend 20 Jahre lang am Jahresanfang (-ende) beziehen (4%)?

$$P = 500\text{ M.} \quad n_1 = 12 \quad n_2 = 20 \quad p = 4\%.$$

Vorschüssige Zahlungen.

Prospektiv:

$$\left.\begin{array}{ll} \text{Tab. 1: } r^{12} & = 1{,}60103 \\ \text{Tab. 4: } a_{\overline{11}|} & = 8{,}7605 \\ \quad ,, \quad a_{\overline{19}|} & = 13{,}1339 \end{array}\right\} R = 500 \cdot 1{,}60103 \cdot \frac{9{,}7605}{14{,}1339} = \mathbf{552{,}81\ M.}$$

Retrospektiv:

$$\left.\begin{array}{ll} \text{Tab. 1: } r^{20} & = 2{,}19112 \\ \text{Tab. 3: } \mathbf{s}_{\overline{12}|} & = 15{,}6268 \\ \text{Tab. 6: } \dfrac{1}{\mathbf{s}_{\overline{20}|}} & = 0{,}03229 \end{array}\right\} \begin{array}{l} R = 500 \cdot 2{,}19112 \cdot 15{,}6268 \cdot 0{,}03229 \\ \qquad = \mathbf{552{,}81\ M.} \end{array}$$

Nachschüssige Zahlungen.

Prospektiv:

Tab. 1: $r^{12} = 1{,}60103$
Tab. 4: $a_{\overline{12}|} = 9{,}3851$
Tab. 5: $\frac{1}{a_{\overline{20}|}} = 0{,}07358$

$$R = 500 \cdot 1{,}60103 \cdot 9{,}3851 \cdot 0{,}07358 = \mathbf{552{,}80\ M.}$$

Retrospektiv:

Tab. 1: $r^{20} = 2{,}19112$
Tab. 3: $s_{\overline{11}|} = 14{,}0258$
„ $s_{\overline{19}|} = 28{,}7781$

$$R = 500 \cdot 2{,}19112 \cdot \frac{15{,}0258}{29{,}7781} = \mathbf{552{,}81\ M.}$$

Anmerkung: Man kann selbstverständlich für die Lösung dieser Aufgaben auch die Summenformel für die geometrische Reihe verwenden und braucht dann nur die Tabellen 1 und 2; denn man erhält die Grundgleichung:

$$P \cdot (r^{n_1} - 1) = R \cdot (1 - v^{n_2});$$

$$\text{denn } \frac{1}{r-1} = \frac{v}{1-v} \text{ oder } \frac{r}{r-1} = \frac{1}{1-v}.$$

In unserem Beispiel trifft diese Identität ziemlich gut zu:

Tab. 1: $r^{12} = 1{,}60103$
Tab. 2: $v^{20} = 0{,}45639$ also: $500 \quad 0{,}60103 \approx 552{,}811 \cdot 0{,}54361$
$300{,}515\ \text{M.} \approx 300{,}5136\ \text{M.}$

II. Kapitel.

Die Sterbetafel als zweite Rechnungsgrundlage.

§ 1. Die Elemente der Sterbetafel.

a) Die Absterbeordnung.

Die Zahl der Lebenden und der Toten.

Will man eine Einsicht in die Berechnung von Einzahlungen und Auszahlungen auf dem Gebiete der Lebensversicherung (im weitesten Sinne) gewinnen, so hat man außer dem Einfluß der Verzinsung auch noch die Art und Weise zu berücksichtigen, in welcher das Ausscheiden der versicherten Personen entweder durch den Tod oder durch das Erleben eines gewissen Alters erfolgt. Auf Grund langjähriger Beobachtungen sei eine gewisse Gesetzmäßigkeit des Ausscheidens infolge Tod — eine „Absterbeordnung" — festgestellt

Alter: x Lebende: l_x Tote: d_x Sterbenswahrscheinlichkeit: q_x (in ‰)

x	l_x	d_x	q_x (in ‰)	x	l_x	d_x	q_x (in ‰)
20	100000	919	9,19	55	64695	1621	25,06
21	99081	908	9,16	56	63074	1691	26,81
22	98173	887	9,04	57	61383	1759	28,66
23	97286	861	8,85	58	59624	1832	30,73
24	96425	835	8,66	59	57792	1900	32,88
25	95590	816	8,54	60	55892	1976	35,35
26	94774	804	8,48	61	53916	2038	37,80
27	93970	797	8,48	62	51878	2097	40,42
28	93173	795	8,53	63	49781	2149	43,17
29	92378	800	8,66	64	47632	2197	46,12
30	91578	808	8,82	65	45435	2246	49,43
31	90770	818	9,01	66	43189	2302	53,30
32	89952	831	9,24	67	40887	2355	57,60
33	89121	841	9,44	68	38532	2399	62,26
34	88280	856	9,70	69	36133	2432	67,31
35	87424	873	9,99	70	33701	2452	72,76
36	86551	889	10,27	71	31249	2455	78,56
37	85662	906	10,58	72	28794	2436	84,60
38	84756	928	10,95	73	26358	2406	91,28
39	83828	950	11,33	74	23952	2360	98,53
40	82878	975	11,76	75	21592	2299	106,47
41	81903	1006	12,28	76	19293	2210	114,55
42	80897	1035	12,79	77	17083	2103	123,10
43	79862	1063	13,31	78	14980	1982	132,31
44	78799	1092	13,86	79	12998	1848	142,18
45	77707	1117	14,37	80	11150	1730	155,16
46	76590	1140	14,88	81	9420	1599	169,75
47	75450	1169	15,49	82	7821	1443	184,50
48	74281	1204	16,21	83	6378	1264	198,18
49	73077	1246	17,05	84	5114	1080	211,19
50	71831	1303	18,14	85	4034	896	222,11
51	70528	1362	19,31	86	3138	715	227,85
52	69166	1425	20,60	87	2423	566	233,59
53	67741	1490	22,00	88	1857	442	238,02
54	66251	1556	23,49	89	1415	1415	1000,00
					inf. Tod:	344	243,11
					inf. Erl.:	1071	756,89

worden, welche die Sterblichkeitsverhältnisse der Gesamtheit der Versicherten einer Gesellschaft im großen und ganzen richtig wiedergibt, so daß man mit genügender Genauigkeit annehmen kann, daß diese Absterbeordnung, genauer gesagt „Überlebendentafel", eine geraume Zeit angewendet werden kann. Wir wollen unseren Betrachtungen die in der vorstehenden Tabelle 7 (S. 25) abgedruckte Sterbetafel der 23 deutschen Gesellschaften: Männer und Frauen, vollständig ärztlich untersucht (MWI), zugrunde legen.

Bei einer solchen Sterbetafel geht man von einer gewissen Grundzahl (hier 100000) von Personen eines bestimmten Alters (hier vollendetes 20. Lebensjahr) aus und gibt an, wie viele von diesen nach den Erfahrungen der Gesellschaft höchstwahrscheinlich das 21., 22., 23. usw. Lebensjahr durchleben werden. Wir bezeichnen mit x (Spalte 1) die Zahl der vollendeten Jahre, mit l_x (Spalte 2) die Zahl der Lebenden aus der Grundmasse, welche x Jahre eben vollendet haben. So z. B. nimmt die Tafel MWI an, daß von 100000 Lebenden des Alters 20

91578 das 30., 82878 das 40., 71831 das 50., } Lebensjahr voll-
55892 „ 60., 33701 „ 70., 11150 „ 80. } enden werden.

Die Reihe $l_{20}, l_{21}, l_{22} \ldots$ sollte eigentlich so lange fortgesetzt werden, als erfahrungsgemäß noch Lebende aus der Grundmasse vorhanden sind. Aus Zweckmäßigkeitsgründen wird jedoch diese Sterbetafel mit dem Alter 89 abgeschlossen. Wir nehmen für unsere Zwecke also an, daß alle $l_{89} = 1415$ am Schlusse des 90. Lebensjahres aus der Versicherung ausscheiden; noch genauer gesagt: daß im Laufe dieses Jahres 344 infolge Tod, am Schluß des Jahres der Rest, d. i. 1071 infolge Erlebens des 90. Lebensjahres aus der Versicherung ausscheiden. Versicherte Personen, die 90 und mehr Jahre alt sind, sind bei dieser Art, die Tafel abzuschließen, für uns also nicht vorhanden. In der Rentenversicherung kommen allerdings vereinzelt auch solche versicherte Personen vor; aus praktischen Gründen wollen wir aber von dem Abdruck einer eigenen Rentnersterbetafel absehen. (NB.! Die Invalidensterbetafel in Band II (s. S. G. 917) geht bis zum Alter 95, die Frauensterbetafel im gleichen Band II sogar bis zum Alter 100!)

Aus der Reihe l_x der Überlebenden lassen sich in einfacher Weise die Zahlen d_x der zwischen dem vollendeten x. und $x+1$. Lebensjahr Sterbenden berechnen:

$$d_x = l_x - l_{x+1}.$$

Diese Zahlen d_x finden sich in der Spalte 3 der Tabelle 7. Man bemerkt, daß sie in den Altern 20 bis 28 ab-, dann bis zum Alter 71 zu- und von da an wieder abnehmen. Nach der Art, wie wir unsere Tafel abschließen, folgt $d_{89} = l_{89}$.

Addiert man alle Gleichungen für d_x von x bis 89, so erhält man für jedes x die Beziehung:

$$d_x + d_{x+1} + \cdots + d_{89} = l_x.$$

Bezeichnet man wie stets im folgenden mit Σ die Summe aller einschlägigen Werte von x bis an das Ende der Sterbetafel, so hat man

$$l_x = \Sigma d_x.$$

b) Die Sterbenswahrscheinlichkeit.

Der relative Anteil q_x der Sterbenden d_x an der Zahl l_x der Lebenden ist ersichtlich von dem Alter x abhängig:

$$q_x = \frac{d_x}{l_x}.$$

q_x nennt man die Sterbenswahrscheinlichkeit des $x+1$. Lebensjahres; ihre $^0/_{00}$-Werte sind in Spalte 4 der Tabelle 7 wiedergegeben; wie weit q_x den Charakter einer „mathematischen Wahrscheinlichkeit“ besitzt, mag hier unerörtert bleiben; jedenfalls hat q_x einige Haupteigenschaften einer solchen [s. a. unter d)]; $q_{89} = 1$ ist nicht eigentlich eine Sterbenswahrscheinlichkeit, sondern vielmehr das Kennzeichen dafür, daß unsere Sterbetafel mit diesem Alter ihren Abschluß findet, indem alle noch vorhandenen l_{89} Lebenden — sei es durch Tod oder infolge des Erlebens des 90. Lebensjahres — aus der Versicherung ausscheiden.

NB.! Eine besondere Eigentümlichkeit der Tafel MWI ist die Abnahme von q_x vom Alter 20 bis 26; dies dürfte auf die geringe Zahl der Beobachtungen in diesem Alter zurückzuführen sein[1]).

c) Die Erlebenswahrscheinlichkeit.

Der relative Anteil p_x der Überlebenden l_{x+1} an der Zahl l_x der Lebenden, hängt aufs engste mit q_x zusammen:

$$p_x = \frac{l_{x+1}}{l_x} = \frac{l_x - (l_x - l_{x+1})}{l_x} = \frac{l_x - d_x}{l_x} = 1 - q_x .$$

Man nennt p_x die einjährige Erlebenswahrscheinlichkeit, d. h. die Wahrscheinlichkeit eines x-Jährigen, das $x + 1$-te Lebensjahr ganz zu durchleben. Ihre Werte sind als die Ergänzungen von q_x auf die Einheit aus der Spalte 4 der Tabelle 7 leicht zu entnehmen; $p_{89} = 0$ gilt wiederum nicht eigentlich als Wahrscheinlichkeit, das 90. Lebensjahr zu durchleben, sondern als Zeichen dafür, daß unsere Tafel unmittelbar vor dem vollendeten 90. Lebensjahr abschließt. Man kann für einen x-Jährigen auch eine n-jährige Erlebenswahrscheinlichkeit aufstellen:

$${}_np_x = \frac{l_{x+n}}{l_x},$$

d. h. die Wahrscheinlichkeit eines x-Jährigen, noch volle n Jahre zu leben.

Man spricht auch von einer n-jährigen Sterbenswahrscheinlichkeit, besser von einer Wahrscheinlichkeit, in einem der nächsten n Jahre zu sterben.

$${}_nq_x = \frac{l_x - l_{x+n}}{l_x} = 1 - {}_np_x$$

(Ergänzung der n-jährigen Erlebenswahrscheinlichkeit!)

d) Zwei Sätze aus der Wahrscheinlichkeitslehre

1. Der Additionssatz: „Kann ein Ereignis auf mehrere voneinander unabhängige Arten zustande kommen, so ist die Wahr-

[1]) Ein ähnliches Verhalten zeigt auch die Tafel D.R.M. 24/6 (St. d. D. R. 401) in den Altersklassen 22 bis 29; hier ist jedoch die Zahl der Beobachtungen in diesen Altern genügend groß.

scheinlichkeit, daß es überhaupt eintritt, gleich der Summe der entsprechenden Einzelwahrscheinlichkeiten", speziell: „Ist das Eintreten des Ereignisses auf irgendeine dieser Arten sicher, so ist die Summe der Einzelwahrscheinlichkeiten gleich der Einheit".

2. Der Multiplikationssatz: „Gilt ein zusammengesetztes Ereignis erst dann als eingetreten, wenn sowohl das erste, als das zweite, ... als auch das letzte Teilereignis eingetreten ist, so ist die Wahrscheinlichkeit dieses Gesamtereignisses gleich dem Produkt der Einzelwahrscheinlichkeiten. Voraussetzung ist dabei, daß die einzelnen Ereignisse in bezug auf ihr Auftreten voneinander unabhängig sind, d. h. daß die Wahrscheinlichkeit eines Teilereignisses weder davon abhängt, welche von den übrigen Teilereignissen bereits eingetreten sind, noch davon, in welcher Reihenfolge dies geschehen ist. Liegt eine solche Abhängigkeit vor, so sind die entsprechenden relativen Wahrscheinlichkeiten miteinander zu multiplizieren.

Beispiele: 1. Bestimme die Wahrscheinlichkeit, mit einem Würfel eine ungerade Zahl zu werfen!

Wir nehmen an, für den gewählten Würfel sei $W(1) = W(3) = W(5) = 1/6$; dann ist $W(u) = W(1) + W(3) + W(5) = {}^1/_2$.

2. Bestimme die Wahrscheinlichkeit, bei zwei Würfen mit einem Würfel erst 3 dann 4 zu werfen! Ist $W(3) = W(4) = 1/6$, so ist $W(3, 4) = 1/6 \cdot 1/6 = 1/36$ (unabhängige Teilwahrscheinlichkeiten).

3. Bestimme die Wahrscheinlichkeit, mit zwei Würfeln zugleich die Summe 8 zu werfen!

Ist für jeden Würfel

$$W(1) = W(2) = W(3) = W(4) = W(5) = W(6) = 1/6,$$

so ist

$$W(8) = W(2, 6) + W(3,5) + W(4, 4) + W(5,3) + W(6, 2) = 5/36.$$

4. Eine Anwendung des Multiplikationssatzes gestattet uns z. B. die n-jährige Erlebenswahrscheinlichkeit als Produkt der n einjährigen Erlebenswahrscheinlichkeiten darzustellen:

$$_np_x = \frac{l_{x+1}}{l_x} \cdot \frac{l_{x+2}}{l_{x+1}} \cdot \frac{l_{x+3}}{l_{x+2}} \cdots \frac{l_{x+n-1}}{l_{x+n-2}} \cdot \frac{l_{x+n}}{l_{x+n-1}} = \frac{l_{x+n}}{l_x}$$

$$_np_x = {}_1p_x \cdot {}_1p_{x+1} \cdot {}_1p_{x+2} \cdots {}_1p_{x+n-2} \cdot {}_1p_{x+n-1}.$$

Das Gesamtereignis: n volle Jahre zu durchleben setzt sich zusammen aus den Teilereignissen: jedes einzelne der n aufeinanderfolgenden Jahre zu durchleben.

Anmerkung: Man kann nicht nur aus der Reihe der Zahlen l_x die Reihe für d_x, q_x, p_x bestimmen, sondern man kann umgekehrt auch aus der Reihe der d_x oder der q_x oder der p_x mit Hinzunahme der Grundzahl $l_{20} = 100000$ die Reihe der l_x aufstellen.

Ist außer l_{20} noch die Reihe der d_x gegeben, so erhält man

$$l_{21} = l_{20} - d_{20}$$
$$l_{22} = l_{21} - d_{21} = l_{20} - d_{20} - d_{21} \text{ usw. } \ldots$$

Ist außer l_{20} noch die Reihe der $q_x(p_x)$ gegeben, so erhält man

$$d_{20} = l_{20} \cdot q_{20} = l_{20}(1 - p_{20})$$
$$l_{21} = l_{20} - d_{20} = l_{20}(1 - q_{20}) = l_{20} \cdot p_{20}$$
$$d_{21} = l_{21} \cdot q_{21} = l_{20}(1 - q_{20})\, q_{21} = l_{20} \cdot p_{20}(1 - p_{21})$$
$$l_{22} = l_{21} - d_{21} = l_{20}(1 - q_{20})\,(1 - q_{21}) = l_{20} \cdot p_{20} \cdot p_{21} \text{ usw.}$$

Man kann jedoch diese und ähnliche Formeln auch unmittelbar mit Hilfe des Multiplikationssatzes aufstellen.

§ 2. Die Erlebensfallversicherung.

a) Begriff derselben.

Das Wesen der Erlebensfallversicherung besteht darin, daß nur dem Teil der in die Versicherung eingetretenen Personen, welcher den gestellten Termin erlebt, die vereinbarte Summe ausbezahlt wird, während für den Teil, der den Termin nicht erlebt, die einbezahlte Prämie zugunsten des anderen Teiles verfällt.

Welche Prämie P muß demnach ein x-jähriger beim Eintritt in eine Erlebensfallversicherung bezahlen, wenn er beim Erleben des $x + n$-ten Lebensjahres die Summe S erhalten soll?

Wir können bei der Lösung der Aufgabe entweder nach der retrospektiven oder der prospektiven Methode vorgehen.

Wir nehmen dabei an, alle Lebenden l_x der Sterbetafel gehen dieselbe Versicherung ein, zahlen also insgesamt $l_x \cdot P$ an einmaliger Prämie ein. Im Laufe der nächsten n Jahre wird nach unserer Vereinbarung weder etwas ein- noch ausbezahlt; in dieser Zeit vermehrt sich also die gesamte Einlage durch Zins und Zinseszinsen auf $l_x \cdot P \cdot r^n$. Erst am Schlusse des n-ten Jahres ist an die dann noch Lebenden l_{x+n} je die Versicherungssumme S auszubezahlen. Ist also die Prämie P richtig berechnet, so muß am Schluß, d. h. retrospektiv betrachtet, die Summe der aufgezinsten Einnahmen gleich der

Gesamtauszahlung sein (Äquivalenzprinzip):

$$l_x \cdot P \cdot r^n = l_{x+n} \cdot S.$$

Diskontieren wir dagegen nach der prospektiven Methode die gesamten Auszahlungen $l_{x+n} \cdot S$ auf den Beginn des 1. Versicherungsjahres, so muß der diskontierte Wert derselben gleich der gesamten Prämieneinnahme $l_x \cdot P$ sein:

$$l_x \cdot P = v^n \cdot l_{x+n} \cdot S.$$

Die beiden Gleichungen ergeben nach P aufgelöst wegen der Beziehung: $v^n = \frac{1}{r^n}$ denselben Wert:

$$P = \frac{l_{x+n}}{l_x \cdot r^n} \cdot S = \frac{l_{x+n} \cdot v^n}{l_x} \cdot S.$$

b) Die diskontierte Zahl der Lebenden.

Es hat sich vom praktischen Standpunkt aus als ungemein vorteilhaft erwiesen, statt mit den Zahlen l_x bzw. l_{x+n} und den Diskontierungsfaktoren v^n, die mit jeder Dauer n andere sind, zu arbeiten, eine „diskontierte Zahl der Lebenden", kurz „diskontierte Lebende" genannt, in die versicherungstechnischen Formeln einzuführen. Dadurch gewinnen diese Formeln bedeutend an Übersichtlichkeit; sie lassen sich daher sehr leicht merken. Wir multiplizieren l_x mit v^x, also mit dem Diskontierungsfaktor, der dem Alter x der l_x entspricht (x = Zahl der seit der Geburt durchlebten Jahre) und bezeichnen dieses Produkt mit D_x:

$$D_x = l_x \cdot v^x.$$

Bei der grundlegenden Bedeutung der diskontierten Zahlen der Lebenden sind dieselben und ihre Summen eigens in der Tabelle 8, die wie Tabelle 7 mit dem Alter 89 abschließt, wiedergegeben. Da wir einen Zinsfuß von 3½% unseren Berechnungen zugrunde legen, werden die D_x berechnet, indem man die l_x mit den 3½%igen Diskontierungsfaktoren $v^x = \frac{1}{1{,}035^x}$ (Kap. I, Tab. 2) multipliziert (Spalte 2, Tabelle 8).

Tabelle 8. Die diskontierten Lebenden und deren Summen.

Alter: x diskontierte Lebende: D_x

Summe der diskontierten Lebenden: $N_x = \Sigma D_x$

x	D_x	$\Sigma D_x = N_x$	x	D_x	$\Sigma D_x = N_x$
20	50257	1031102	55	9753	115965
21	48111	980845	56	9187	106212
22	46058	932734	57	8639	97025
23	44098	886676	58	8107	88386
24	42230	842578	59	7593	80279
25	40449	800348	60	7095	72686
26	38747	759899	61	6612	65591
27	37119	721152	62	6147	58979
28	35560	684033	63	5699	52832
29	34064	648473	64	5269	47133
30	32627	614409	65	4856	41864
31	31246	581782	66	4460	37008
32	29917	550536	67	4079	32548
33	28638	520619	68	3714	28469
34	27409	491981	69	3365	24755
35	26225	464572	70	3033	21390
36	25085	438347	71	2717	18357
37	23988	413262	72	2419	15640
38	22932	389274	73	2139	13221
39	21914	366342	74	1878	11082
40	20933	344428	75	1636	9204
41	19987	323495	76	1412	7568
42	19074	303508	77	1208	6156
43	18193	284434	78	1024	4948
44	17344	266241	79	858	3924
45	16525	248897	80	711	3066
46	15737	232372	81	581	2355
47	14978	216635	82	466	1774
48	14248	201657	83	367	1308
49	13543	187409	84	284	941
50	12862	173866	85	217	657
51	12201	161004	86	163	440
52	11561	148803	87	121	277
53	10940	137242	88	90	156
54	10337	126302	89	66	66

c) Die einmalige Prämie.

Eine Erlebensfallversicherung, die im Alter x für die Dauer von n Jahren auf die Summe 1 eingegangen wird, erfordert die einmalige Prämie

$$ {}_nE_x = \frac{D_{x+n}}{D_x}. \tag{I} $$

Für die Summe S ist also die einmalig zu bezahlende Prämie

$$ P = {}_nE_x \cdot S = \frac{D_{x+n}}{D_x} \cdot S. $$

Nehmen wir die n-jährige Erlebenswahrscheinlichkeit ${}_np_x$ zu Hilfe, so erhalten wir

$$ {}_nE_x = {}_np_x \cdot v^x. $$

Die beiden Elemente, aus denen sich die Prämie unserer, wie auch jeder anderen Versicherung aufbaut, sind Zinsfuß und Sterblichkeit. Die einmalige Prämie stellt also den gegenwärtigen Wert des Kapitals dar, das nach der bestimmten Zeit im Falle des Erlebens dieses Zeitpunkts fällig wird.

Tabelle 9. Einmalige Prämien für die Erlebensfallversicherung (V. S. 100).

Eintrittsalter: x Dauer: n Einmalprämie: ${}_nE_x \cdot 100$

Eintritts-alter	Dauer n der Erlebensfallversicherung												
x	5	10	15	20	25	30	35	40	45	50	55	60	65	70
20	80,48	64,92	52,18	41,65	32,88	25,59	19,41	14,12	9,66	6,03	3,26	1,42	0,43	—
25	80,66	64,84	51,75	40,85	31,80	24,11	17,54	12,01	7,50	4,04	1,76	0,54	—	—
30	80,38	64,16	50,65	39,42	29,89	21,74	14,88	9,29	5,01	2,18	0,66	—	—	—
35	79,82	63,01	49,04	37,19	27,05	18,52	11,56	6,24	2,71	0,83	—	—	—	—
40	78,94	61,44	46,59	33,89	23,20	14,49	7,82	3,40	1,04	—	—	—	—	—
45	77,83	59,02	42,93	29,38	18,35	9,90	4,30	1,31	—	—	—	—	—	—
50	75,83	55,16	37,75	23,58	12,72	5,53	1,68	—	—	—	—	—	—	—
55	72,74	49,79	31,09	16,77	7,29	2,22	—	—	—	—	—	—	—	—
60	68,44	42,75	23,06	10,03	3,05	—	—	—	—	—	—	—	—	—
65	62,45	33,69	14,65	4,46	—	—	—	—	—	—	—	—	—	—
70	53,94	23,45	7,14	—	—	—	—	—	—	—	—	—	—	—
75	43,48	13,24	—	—	—	—	—	—	—	—	—	—	—	—
80	30,46	—	—	—	—	—	—	—	—	—	—	—	—	—
85	—	—	—	—	—	—	—	—	—	—	—	—	—	—

Um einen Einblick in das Verhalten der einmaligen Prämien einer Erlebensfallversicherung für die verschiedenen Werte von x und n zu geben, sind in der Tabelle 9 diese einmaligen Prämien für die V. Summe 100 für fünfjährige Abstände übersichtlich zusammengestellt (s. Tab. 9, S. 33)[1].

Man könnte die Werte auch nach Eintrittsalter und Endalter oder auch nach Dauer und Endalter anordnen.

Wie man auch die Anordnung treffen mag, immer sind die folgenden drei Beobachtungen über das Verhalten der einmaligen Prämien zu machen:

1. Hält man das Eintrittsalter fest, so nehmen die Werte mit wachsender Dauer ab; denn es schiebt sich einmal schon der Zahlungstermin immer weiter hinaus, dann aber wird aber auch die Zahl der zum Zug kommenden Personen immer kleiner (Verhalten der Zeilenwerte).
2. Hält man die Dauer fest, so nehmen die Werte mit zunehmendem Eintrittsalter ab, da die Wahrscheinlichkeit, diese Dauer zu durchleben, mit dem Alter immer mehr abnimmt (Verhalten der Spaltenwerte).
3. Hält man schließlich an dem Endalter fest, so nehmen die Werte mit zunehmendem Eintrittsalter (abnehmender Dauer) zu (Verhalten der Diagonalwerte).

Die Werte in der letzten Diagonale sind alle Null, weil nach unserer Voraussetzung Versicherte mit 90 und mehr Jahren nicht vorhanden sind!

Beispiel: Ein 40-Jähriger will sich in der Weise versichern, daß er beim Erleben des 65. Jahres die Summe von 20000 M. erhält; wie groß ist die einmalige Prämie für diese Erlebensfallversicherung?

$$x = 40 \quad n = 25 \quad x + n = 65 \quad S = 20000 \text{ M.}$$

Tab. 8: $\left.\begin{array}{l} D_{40} = 20933 \\ D_{65} = 4856 \end{array}\right\} P = \frac{4856}{20933} \cdot 20000 = \mathbf{4639{,}56\ M.}$

oder

Tab. 9: ${}_{25}E_{40} = 0{,}2320$; also $P = 23{,}20 \cdot 200 = \mathbf{4640\ M.}$

§ 3. Die Leibrente.

Wir hatten im I. Kapitel § 3 regelmäßig wiederkehrende Zahlungen von bestimmter Dauer kurz „Zeitrente" genannt.

[1]) Die Tabellen 9—11, 13—18 sind nicht mit den ganzzahligen Werten der Tabellen 8 u. 12, sondern auf Grund genauerer Werte von D_x, N_x u. M_x berechnet; dies gilt auch von den Ergebnissen in den Zusammenstellungen des III. Kapitels. (Vgl. Riem, J., Nettorechnungen. MWI $3^1/_2$ %. Basel 1904).

Wir fügen nun hinzu, daß vertragsgemäß diese Zahlungen auf alle Fälle an den betreffenden Terminen geleistet werden sollen, unabhängig davon, ob der betreffende Empfänger (Geber) dieser Leistungen die ganze Dauer am Leben ist oder nicht, da bei vorzeitigem Tod der Rechtsnachfolger in die Rechte (Pflichten) des Verstorbenen eintreten soll.

Ist jedoch die Vornahme jeder Zahlung an die Bedingung geknüpft, daß die betreffende Person in dem Moment, an dem die Zahlung fällig ist, am Leben ist, so spricht man von einer „Leibrente", die der Berechtigte empfängt, bzw. der Verpflichtete zahlt.

Wir wollen zuerst den Fall behandeln, in dem es sich um Auszahlungen, also um Renten im engeren Sinn handelt, die an das Leben des berechtigten Empfängers geknüpft sind. Der zweite Fall, in dem jemand zu Einzahlungen oder Prämien nur dann verpflichtet ist, wenn er in dem Zahlungsmoment noch am Leben ist, wird genau so behandelt (siehe § 5!).

Die verschiedenen Arten von Leibrenten.

Je nachdem die Zahlung immer am Anfang oder immer am Ende des betreffenden Jahres erfolgt, spricht man von „vorschüssiger" oder von „nachschüssiger" Leibrente („pränumerando" und „postnumerando" Leibrente). Beginnt der Bezug der Rente sofort beim Eintritt in die Versicherung, so spricht man von „sofort beginnender" Leibrente, in jedem anderen Fall von „aufgeschobener" Leibrente.

Dauert der Bezug der Rente bis zum Ableben des Berechtigten, so heißt die Rente eine „lebenslängliche"; dauert der Bezug bis zum Ableben, höchstens aber eine bestimmte Zeit, so heißt die Rente eine „abgekürzte" oder „temporäre".

Jede Leibrente aber, welcher Art sie auch sei, kann man als eine Folge von Erlebensfallzahlungen auffassen; das Eintrittsalter x in diese einzelnen Erlebensfallversicherungen ist immer dasselbe, die Dauer ν der aufeinanderfolgenden Erlebensfallversicherungen wächst stets um ein Jahr.

Der Barwert der Rente (einmalige Einlage) ist die Summe der betreffenden Einmalprämien für diese Erlebensfallversicherungen.

a) Die sofort beginnende lebenslängliche Leibrente.

1. vorschüssig zahlbar.

In diesem Fall wächst die Dauer ν der einzelnen Erlebensfallversicherungen von 0 bis $\omega - x - 1 = 89 - x$. Beträgt die Auszahlung jedesmal 1 (Höhe der Rente), so ist der Barwert

$$\mathbf{a}_x = {}_0E_x + {}_1E_x + {}_2E_x + \cdots {}_{89-x}E_x;$$

nun ist aber ${}_0E_x = 1$, ${}_1E_x = \frac{D_{x+1}}{D_x}, \ldots$ allgemein ${}_\nu E_x = \frac{D_{x+\nu}}{D_x}$,

somit

$$\mathbf{a}_x = \frac{D_x + D_{x+1} + D_{x+2} \cdots}{D_x} = \frac{\Sigma D_x}{D_x} = \frac{N_x}{D_x}. \qquad \text{(II)}$$

Mit $N_x = \Sigma D_x$ ist die Summe aller diskonierten Lebenden von D_x an (dieses mit eingeschlossen!) bis an das Ende der Tafel bezeichnet. Man berechnet diese Summen der diskontierten Lebenden naturgemäß von rückwärts, wie man in der Tabelle 8, deren Spalte 3 diese Summen enthält, ganz deutlich verfolgen kann: $N_{89} = D_{89} = 66$; $N_{88} = D_{89} + D_{88} = \Sigma D_{88} = 66 + 90 = 156$; $N_{87} = D_{89} + D_{88} + D_{87} = \Sigma D_{87} = 66 + 90 + 121 = 277$ usw. Um $\mathbf{a}_x$ zu bekommen, hat man nur N_x durch das nebenstehende D_x zu teilen. Im übrigen sind die Werte $\mathbf{a}_x$ auf zwei Dezimalstellen genau in der Tabelle 10 für alle Eintrittsalter von 20 bis 89 wiedergegeben.

Wie schon bei der Aufstellung der Sterbetafel erwähnt wurde, schließt diese beim Alter 89 ab; genau genommen sind also die Rentenwerte der Tabelle 10 nicht eigentlich für lebenslänglich zahlbare, sondern nur für bis zum 89. Lebensjahr zahlbare Renten berechnet. Bis auf die fünf letzten Werte etwa können sie jedoch im Rahmen der hier angestrebten Genauigkeit (2 Dez.) auch für lebenslängliche Zahlung verwendet werden.

Die gegebenen Werte für $\mathbf{a}_x$ zeigen eine stetige Abnahme mit zunehmendem Eintrittsalter x.

Tabelle 10. Die Barwerte einer sofort beginnenden vorschüssigen lebenslänglichen Leibrente der Höhe 1. Eintrittsalter: x Wert der Rente: $\mathfrak{a}_x$

x	$\mathfrak{a}_x$	x	$\mathfrak{a}_x$	x	$\mathfrak{a}_x$	x	$\mathfrak{a}_x$	x	$\mathfrak{a}_x$
20	20,52	35	17,71	50	13,52	65	8,62	80	4,31
21	20,39	36	17,47	51	13,20	66	8,30	81	4,06
22	20,25	37	17,23	52	12,87	67	7,98	82	3,81
23	20,11	38	16,98	53	12,55	68	7,66	83	3,57
24	19,95	39	16,72	54	12,22	69	7,36	84	3,31
25	19,79	40	16,45	55	11,89	70	7,05	85	3,03
26	19,61	41	16,19	56	11,56	71	6,76	86	2,71
27	19,43	42	15,91	57	11,23	72	6,47	87	2,29
28	19,24	43	15,63	58	10,90	73	6,18	88	1,74
29	19,04	44	15,35	59	10,57	74	5,90	89	1,00
30	18,83	45	15,06	60	10,25	75	5,63		
31	18,62	46	14,77	61	9,92	76	5,36		
32	18,40	47	14,46	62	9,59	77	5,10		
33	18,18	48	14,15	63	9,27	78	4,83		
34	17,95	49	13,84	64	8,95	79	4,57		

Beispiel: Ein 30-Jähriger will sich eine Leibrente in der Höhe von 600 M. kaufen, die sofort beginnen und bis an sein Lebensende jährlich vorschüssig gezahlt werden soll. Welchen Betrag muß er dafür aufbringen?

$$R = 600 \text{ M.} \quad x = 30; \quad \text{Tab. 8:} \quad \left. \begin{array}{l} N_{30} = 614409 \\ D_{30} = 32627 \end{array} \right\}$$

$$R \cdot \mathfrak{a}_{30} = \frac{614409}{32627} \cdot 600 = \mathbf{11299\ M.}$$

$$\text{oder: Tab. 10:} \quad \mathfrak{a}_{30} = 18{,}83 \quad R \cdot \mathfrak{a}_{30} = 18{,}83 \cdot 600 = \mathbf{11298\ M.}$$

2. nachschüssig zahlbar.

Wird die Rente 1 jedesmal am Ende des Jahres, erstmals also am Ende des 1. Jahres bezahlt, so ergibt sich als Barwert:

$$a_x = {}_1E_x + {}_2E_x + {}_3E_x + \cdots {}_{89-x}E_x$$

$$= \frac{D_{x+1} + D_{x+2} + D_{x+3} + \cdots}{D_x} = \frac{\Sigma D_{x+1}}{D_x} = \frac{N_{x+1}}{D_x}. \quad \text{(II')}$$

NB.! Zur Bezeichnung der nachschüssig zahlbaren Rente verwenden wir wie bei der Zeitrente das Symbol a im Gegensatz zu dem Symbol $\mathbf{a}$ der vorschüssig zahlbaren Rente. Es ist offenbar:

$$\mathit{a}_x = \mathbf{a}_x - 1.$$

Eine eigene Tabelle für die a_x erübrigt sich also; man braucht nur die Werte der Tabelle 10 je um 1,00 zu vermindern. Für tatsächlich lebenslänglich zu zahlende nachschüssige Renten mögen aus den bereits oben dargelegten Gründen etwa die letzten zehn auf diese Weise berechneten Werte nicht mehr genau sein.

Beispiel: Mit welcher Summe kann eine lebenslänglich nachschüssig zu zahlende Rente von jährlich 800 M. abgefunden werden, wenn der Empfangsberechtigte jetzt 40 Jahre ist?

$R = 800$ M. $x = 40$ Tab. 8: $\left.\begin{array}{l} N_{41} = 323495 \\ D_{40} = 20933 \end{array}\right\}$

$$R \cdot \mathit{a}_{40} = \frac{323495}{20933} \cdot 800 = \mathbf{12363\ M.}$$

oder: Tab. 10: $\left.\begin{array}{l} \mathbf{a}_{40} = 16{,}45 \\ \mathit{a}_{40} = 15{,}45 \end{array}\right\} R \cdot \mathit{a}_{40} = 15{,}45 \cdot 800 = \mathbf{12360\ M.}$

b) Die aufgeschobene lebenslängliche Leibrente.

1. vorschüssig zahlbar.

Die Aufschubszeit betrage n Jahre; die erste Rente wird somit am Anfang des $n + 1$-ten Jahres bezahlt, die übrigen fortlaufend stets zu Beginn des Jahres, solange der Empfangsberechtigte lebt. Bezeichnet man den Aufschub mit $n|$, so ist der Barwert

$$\begin{aligned} {}_{n|}\mathbf{a}_x &= {}_nE_x + {}_{n+1}E_x + {}_{n+2}E_x + \cdots \\ &= \frac{D_{x+n} + D_{x+n+1} + D_{x+n+2} + \cdots}{D_x} \\ &= \frac{\Sigma D_{x+n}}{D_x} = \frac{N_{x+n}}{D_x}. \end{aligned} \tag{III}$$

2. nachschüssig zahlbar.

Hier wird die erste Rente am Schlusse des $n + 1$-ten Jahres bezahlt, die übrigen fortlaufend am Jahresende, solange der Empfangsberechtigte lebt. Es ist also der entsprechende Barwert

$$
\begin{aligned}
{}_{n|}a_x &= {}_{n+1}E_x + {}_{n+2}E_x + {}_{n+3}E_x + \cdots \\
&= \frac{D_{x+n+1} + D_{x+n+2} + D_{x+n+3} + \cdots}{D_x} \\
&= \frac{\sum D_{x+n+1}}{D_x} = \frac{N_{x+n+1}}{D_x}. \qquad \text{(III')}
\end{aligned}
$$

Man erhält den Barwert ${}_{n|}a_x$ der nachschüssigen aufgeschobenen lebenslänglichen Rente, indem man den erwartungsmäßigen[1]) Wert ${}_nE_x$ der ersten vorschüssigen Zahlung von ${}_{n|}\mathfrak{a}_x$ abzieht und nicht — wie bei der sofort beginnenden Rente (siehe II') — den Wert 1 selbst. Es ist also:

$$ {}_{n|}a_x = {}_{n|}\mathfrak{a}_x - {}_nE_x. $$

Beispiel: Ein 50-Jähriger kauft sich eine um 20 Jahre aufgeschobene lebenslängliche Leibrente in der Höhe von jährlich 400 M. Wie groß ist die einmalige Prämie a) bei vorschüssiger, b) bei nachschüssiger Zahlung der Rente?

$R = 400$ M. $x = 50$ $n = 20$

vorschüssig:

Tab. 8: $\left.\begin{aligned} N_{70} &= 21390 \\ D_{50} &= 12862 \end{aligned}\right\}$ $R \cdot {}_{20|}\mathfrak{a}_{50} = 1{,}66 \cdot 400 = 664$ M. (genauer 665,2 M.)

nachschüssig:

Tab. 8: $\left.\begin{aligned} N_{71} &= 18357 \\ D_{50} &= 12862 \end{aligned}\right\}$ $R \cdot {}_{20|}a_{50} = 1{,}43 \cdot 400 = 572$ M. (genauer 570,9 M.)

Nach Tabelle 9 ist ${}_{20}E_{50} = 0{,}2358$

${}_{20}E_{50} \cdot 400 = 94{,}32$ M., was mit der Differenz 665,2 M. — 570,9 M. = 94,3 M. in den Grenzen der hier erstrebten Genauigkeit sehr gut übereinstimmt; siehe auch die Anmerkung des folgenden Abschnitts c) 1.!

c) Die temporäre oder abgekürzte Leibrente.

1. vorschüssig zahlbar.

Es werden zu Beginn eines jeden Jahres, solange der Empfangsberechtigte lebt, höchstens aber n Jahre lang, gleiche Auszahlungen (in der Höhe 1) gemacht. Der Barwert aller dieser Zahlungen ist demnach, wenn man mit $\overline{n|}$ die Abkürzung der Dauer auf höchstens n Jahre bezeichnet:

[1]) erwartungsmäßig einschl. Diskontierung, also ${}_np_x \cdot v^n \cdot 1$!

$$\mathbf{a}_{x\overline{n}|} = {}_0E_x + {}_1E_x + {}_2E_x + \cdots {}_{n-1}E_x$$
$$= \frac{D_x + D_{x+1} + D_{x+2} \cdots + D_{x+n-1}}{D_x} = \frac{\Sigma D_x - \Sigma D_{x+n}}{D_x}$$
$$= \frac{N_x - N_{x+n}}{D_x}. \qquad \text{(IV)}$$

Da wir diese Werte $\mathbf{a}_{x\overline{n}|}$ nicht nur für die Rentenversicherung, sondern auch für die Bestimmung der jährlichen Prämien (§ 5) benötigen, sind in 5-jährigen Abständen für alle Eintrittsalter und Dauern diese Werte auf zwei Dezimalstellen genau in der nachfolgenden Tabelle 11 zusammengestellt:

Tabelle 11. Die Barwerte einer sofort beginnenden vorschüssigen temporären Leibrente 1.

Eintrittsalter: x Höchstdauer der Rente: n Wert der Rente: $\mathbf{a}_{x\overline{n}|}$

Eintritts-alter	Höchst-Dauer n des Rentenbezuges													
x	5	10	15	20	25	30	35	40	45	50	55	60	65	70
20	4,59	8,29	11,27	13,66	15.56	17,06	18,21	19.07	19,68	20,09	20,33	20,46	20,50	20,52
25	4,60	8,30	11,27	13,63	15,49	16,92	17,99	18,75	19,26	19,56	19,71	19,77	19,79	—
30	4,59	8,27	11,20	13,50	15,28	16,60	17,55	18,18	18,55	18,74	18,81	18,83	—	—
35	4,58	8,22	11,08	13,29	14,94	16,12	16,90	17,36	17,60	17,69	17,71	—	—	—
40	4,56	8,15	10,91	12,98	14,45	15,43	16,01	16,31	16,42	16,45	—	—	—	—
45	4,54	8,04	10,66	12,53	13,77	14,50	14,88	15,02	15,06	—	—	—	—	—
50	4,50	7,87	10,26	11,86	12,80	13,28	13,47	13,52	—	—	—	—	—	—
55	4,44	7,60	9,70	10,95	11,58	11,82	11,89	—	—	—	—	—	—	—
60	4,34	7,23	8,95	9,81	10,15	10,25	—	—	—	—	—	—	—	—
65	4,22	6,73	7,99	8,49	8,62	—	—	—	—	—	—	—	—	—
70	4,02	6,04	6,84	7,05	—	—	—	—	—	—	—	—	—	—
75	3,75	5,22	5,63	—	—	—	—	—	—	—	—	—	—	—
80	3,39	4,31	—	—	—	—	—	—	—	—	—	—	—	—
85	3,03	—	—	—	—	—	—	—	—	—	—	—	—	—

Betrachten wir zunächst die Werte der einzelnen Zeilen, d. h. bei gleichem Eintrittsalter und wachsender Dauer, so bemerken wir ein beständiges Zunehmen der Werte, da die Zahl der in Aussicht genommenen Zahlungen mit der Dauer selbstverständlich zunimmt. Die Zunahme erfolgt aber mit wachsender Dauer immer langsamer, da sich der Termin der Auszahlungen immer weiter hinausschiebt und infolge der wachsenden Sterblichkeit immer weniger Versicherte zum Zug kommen werden. Die letzten Werte jeder Zeile beziehen sich auf das Endalter 90, sind also identisch mit den Werten der Tabelle 10.

Bei vertikaler Betrachtung der Werte, d. h. bei gleicher Dauer, bemerkt man ein Abnehmen der Werte bei zunehmendem Eintrittsalter. (Die Unregelmäßigkeit der beiden ersten Werte in der 2., 3. und 4. Spalte ist eine schon besprochene Eigentümlichkeit der Tafel M W I.) Hält man das Endalter fest (diagonale Reihen), so bemerkt man ein Abnehmen der Werte mit zunehmendem Eintrittsalter oder — was das gleiche ist — mit abnehmender Dauer.

Das Verhalten unserer Werte $\mathbf{a}_{x\overline{n}|}$ stimmt — ähnlich wie das Verhalten der Werte ${}_nE_x$ (Tabelle 9) — ganz mit den Vorstellungen überein, die man sich logischer Weise von dem Einfluß der Sterblichkeit auf die Werte der Leibrente macht; hinzu kommt natürlich noch der Einfluß der Diskontierung künftiger Zahlungen auf den Beginn der Versicherung.

Beispiel: Ein 30-Jähriger beabsichtigt sich eine Leibrente von jährlich 1000 M. vorschüssig zahlbar zu kaufen, die bis zu seinem 55. Lebensjahr dauern soll. Welche Summe muß er dafür aufwenden?

$x = 30 \quad n = 25 \quad R = 1000$ M.

$$\left.\begin{array}{rl} \text{Tab. 8: } N_{30} = & 614409 \\ N_{55} = & 115965 \\ N_{30} - N_{55} = & 498444 \\ D_{30} = & 32627 \end{array}\right\} \mathbf{a}_{30\,\overline{25}|} \cdot R = \frac{498444}{32627} \cdot 1000 = 15277 \text{ M.}$$

oder: Tab. 11: $\mathbf{a}_{30\,\overline{25}|} = 15{,}28 \quad \mathbf{a}_{30\,\overline{25}|} \cdot R = 15{,}28 \cdot 1000 = \mathbf{15280\ M.}$

Anmerkung: Die um dieselbe Zeit aufgeschobene lebenslängliche Leibrente ergibt sich als Differenz der temporären gegenüber der lebenslänglichen Leibrente

$$\text{Tab. 10: } \mathbf{a}_{30} = 18{,}83$$
$$\text{Tab. 11: } \mathbf{a}_{30\,\overline{25}|} = 15{,}28$$
$${}_{25|}\mathbf{a}_{30} = \mathbf{a}_{30} - \mathbf{a}_{30\,\overline{25}|} = 3{,}55$$
$$R \cdot {}_{25|}\mathbf{a}_{30} = 1000 \cdot 3{,}55 = \mathbf{3550\ M.}$$

oder Tab. 8: $N_{55} = 115965$

$$D_{30} = 32627 \quad {}_{25|}\mathbf{a}_{30} = \frac{115965}{32627} = 3{,}554$$
$$R \cdot {}_{25|}\mathbf{a}_{30} = 1000 \cdot 3{,}554 = \mathbf{3554\ M.}$$

Anmerkung: Aus Tabelle 10 und 11 lassen sich gemäß der Formel ${}_{n|}\mathbf{a}_x = \mathbf{a}_x - \mathbf{a}_{x\overline{n}|}$ auch die Werte der vorschüssigen aufgeschobenen lebenslänglichen Leibrente ohne weiteres entnehmen.

2. nachschüssig zahlbar.

Die 1. Rente wird am Ende des 1. Jahres, die letzte am Ende des n-ten Jahres ausbezahlt, falls nicht der Empfangsberechtigte vorher gestorben ist; der Barwert ist

$$\boldsymbol{a}_{x\overline{n}|} = {}_1E_x + {}_2E_x + {}_3E_x + \cdots + {}_nE_x$$

$$= \frac{D_{x+1} + D_{x+2} + \cdots D_{x+n}}{D_x} = \frac{\Sigma D_{x+1} - \Sigma D_{x+n+1}}{D_x}$$

$$= \frac{N_{x+1} - N_{x+n+1}}{D_x}. \quad \text{(IV')}$$

Um den Wert der nachschüssig zahlbaren kurzen Leibrente zu erhalten, ist von $\mathbf{a}_{x\overline{n}|}$ die erste (vorschüssige) Zahlung in ihrem vollen Wert 1 abzuziehen, die letzte (nachschüssige) Zahlung dagegen nur in ihren erwartungsmäßigen Wert ${}_nE_x$ hinzuzufügen; demnach ist also

$$\boldsymbol{a}_{x\overline{n}|} = \mathbf{a}_{x\overline{n}|} + {}_nE_x - 1;$$

auch für nachschüssige Renten gilt die Relation:

$$\boldsymbol{a}_{x\overline{n}|} = \boldsymbol{a}_x - {}_{n|}\boldsymbol{a}_x$$

Beispiel: Wie oben, nur nachschüssig zu zahlen:

$$x = 30 \quad n = 25 \quad R = 1000 \text{ M.}$$

Tab. 8: $N_{31} = 581782$, $N_{56} = 106212$, $N_{31} - N_{56} = 475570$, $D_{30} = 32627$

$$R\ \boldsymbol{a}_{30\,\overline{25}|} = \frac{475570}{32627} \cdot 1000 = 14{,}576 \cdot 1000 = \mathbf{14576\ M.}$$

oder Tab. 11: $\mathbf{a}_{30\,\overline{25}|} = 15{,}28$

Tab. 9: ${}_{25}E_{30} = 0{,}30$

$\boldsymbol{a}_{30\,\overline{25}|} = \mathbf{a}_{30\,\overline{25}|} + {}_{25}E_{30} - 1 = 14{,}58$

$$R \cdot \boldsymbol{a}_{30\,\overline{25}|} = 14{,}58 \cdot 1000 = \mathbf{14580\ M.}$$

§ 4. Die Todesfallversicherung.

Wie schon der Name verrät, hängt diese Versicherungsart „unmittelbar“ mit dem Todesfall des Versicherten zusammen; denn beim Eintritt dieses Ereignisses entsteht für die Versicherungsgesellschaft die Verpflichtung, die im vornherein bestimmte Versicherungssumme auszuzahlen. Auch bei der Leibrentenversicherung spielt die Sterblichkeit eine Rolle, aber nur mittelbar insofern, als die Sterbefälle die Zahl der Empfänger vermindern.

Wie allgemein üblich, wollen wir der Einfachheit halber annehmen, daß die beim Todesfall zu zahlende Summe erst am Ende des betreffenden Versicherungsjahres ausbezahlt wird. Es kann sich wie bei der Erlebensfallversicherung hier nur um eine einmalige Zahlung (aber an die Hinterbliebenen) handeln. Witwen- und Waisenrenten, die durch den Tod veranlaßt werden, sollen im V. Kapitel und, soweit sie mit der Sozialversicherung zusammenhängen, im II. Band (S. G. 917) behandelt werden.

Die verschiedenen Arten von Todesfallversicherungen.

Soll der Versicherungsschutz sofort mit Abschluß des Vertrages beginnen, so daß auch im 1. Jahr bei Todesfall die vereinbarte Versicherungssumme voll ausbezahlt wird, so spricht man von „sofort beginnender Todesfallversicherung".

Tritt der Versicherungsschutz erst nach einer Reihe von Jahren ein, so heißt die Todesfallversicherung eine „aufgeschobene". Erstreckt sich der Versicherungsschutz bis zum Tode des Versicherten, wann auch derselbe eintreten mag, so heißt die Versicherung „lebenslängliche Todesfallversicherung"; ist der Versicherungsschutz auf eine bestimmte Zahl von Jahren beschränkt, so spricht man von einer „temporären" oder „kurzen" Todesfallversicherung, manchmal auch von einer „Risikoversicherung".

a) Die Todesfallversicherung für ein bestimmtes Jahr (Risikoversicherung auf ein Jahr).

In der Praxis kommt diese Versicherungsart als selbständige Versicherung kaum vor; sie hat mehr die Bedeutung eines Elementes für alle Arten von Todesfallversicherungen, etwa in der Weise, wie die Erlebensfallversicherung das Element aller Arten von Leibrenten darstellt.

Es mögen alle l_x Personen der Sterbetafel die gleiche Versicherung eingehen: eine bestimmte Summe, sagen wir 1, werde nur dann fällig, wenn der Tod im ν-ten Jahre eintritt;

dafür habe jeder der l_x Versicherten eine Prämie ${}_vP_x$ zu bezahlen. Die gesamten Einzahlungen ${}_vP_x \cdot l_x$ wachsen bis zum Schluß des ν-ten Jahres auf ${}_vP_x \cdot l_x \cdot r^\nu$ an; nach der Sterbetafel sterben von den l_x Personen im Laufe des ν-ten Jahres

$$d_{x+\nu-1} = l_{x+\nu-1} - l_{x+\nu}$$

Personen; bei jedem Sterbefall ist — wie vereinbart — am Schlusse des Sterbejahres die Summe 1 auszubezahlen. Ist also die Prämie ${}_vP_x$ nach dem Äqivalenzprinzip ausreichend bemessen, so gilt die Gleichung

$${}_vP_x \cdot l_x \cdot r^\nu = d_{x+\nu-1} \cdot 1\,,$$

also

$${}_vP_x = \frac{d_{x+\nu-1} \cdot 1}{l_x \cdot r^\nu} = \frac{d_{x+\nu-1} \cdot v^\nu \cdot 1}{l_x}.$$

b) Die um ein Jahr mehr als die Zahl der Altersjahre diskontierte Zahl der Toten (Diskontierte Tote).

Die Einführung der diskontierten Lebenden $D_x = l_x \cdot v^x$ und deren Summen $N_x = \Sigma D_x$ vereinfachte ganz bedeutend die Berechnung der Prämien für die Erlebensfallversicherung und für alle Arten der Leibrenten. In ähnlicher Weise vorteilhaft erweist sich die Einführung der Größen $C_x = d_x \cdot v^{x+1}$ und deren Summen $M_x = \Sigma C_x$ für die Berechnung der Prämien für die einjährige Risikoversicherung und für alle Arten der Todesfallversicherung. Multipliziert man nämlich Zähler und Nenner des obigen Ausdrucks für ${}_vP_x$ mit v^x und schreibt allgemein für

$$d_x \cdot v^{x+1} \text{ das Symbol: } C_x,$$

so daß C_x die um ein Jahr mehr, als der Versicherte bei seinem Tode Lebensjahre vollendet hat, diskontierte Zahl der Toten bedeutet, so wird ${}_vP_x = \dfrac{C_{x+\nu-1}}{D_x}$ die betreffende einmalige Prämie.

Die Quotienten $\dfrac{C_{x+\nu-1}}{D_x}$ spielen als Elemente jeder Art

Tabelle 12. Die diskontierten Toten und deren Summen.

Alter: x diskontierte Tote: C_x
Summe der diskontierten Toten: $M_x = \Sigma C_x$

x	C_x	$\Sigma C_x = M_x$	x	C_x	$\Sigma C_x = M_x$
20	446	15388	55	236	5832
21	426	14942	56	238	5596
22	402	14516	57	240	5358
23	377	14114	58	240	5118
24	353	13737	59	241	4878
25	334	13384	60	243	4637
26	318	13050	61	241	4394
27	304	12732	62	240	4153
28	293	12428	63	238	3913
29	285	12135	64	235	3675
30	278	11850	65	232	3440
31	272	11572	66	229	3208
32	267	11300	67	227	2979
33	261	11033	68	224	2752
34	257	10772	69	219	2528
35	253	10515	70	213	2309
36	249	10262	71	206	2096
37	245	10013	72	198	1890
38	243	9768	73	189	1692
39	240	9525	74	178	1503
40	238	9285	75	169	1325
41	237	9047	76	156	1156
42	236	8810	77	144	1000
43	234	8574	78	131	856
44	232	8340	79	117	725
45	229	8108	80	107	608
46	227	7879	81	95	501
47	224	7652	82	83	406
48	223	7428	83	71	323
49	223	7205	84	58	252
50	225	6982	85	46	194
51	228	6757	86	36	148
52	230	6529	87	27	112
53	233	6299	88	21	85
54	234	6066	89	64	64

von Todesfallversicherung dieselbe Rolle wie die Quotienten $\frac{D_{x+v}}{D_x}$, d. h. die einmaligen Prämien der Erlebensfallversicherungen aufeinanderfolgender Jahre für jegliche Art von Leibrenten.

In der vorstehenden Tabelle 12 (S. 45), die ebenfalls mit dem Alter 89 schließt, sind für alle Alter die Werte der C_x und zugleich auch deren Summen $M_x = \Sigma C_x$, die man ebenso wie die $N_x = \Sigma D_x$ von rückwärts rechnet, in ganzen Zahlen wiedergegeben.

Anmerkungen: 1. Es möge bei dieser Gelegenheit darauf hingewiesen werden, daß am Schlusse dieses Bändchens zur Erleichterung der technischen Berechnungen von Prämien (und Reserven), bei denen gleichzeitig die Größen D_x, N_x, (C_x), M_x gebraucht werden, die um die Doppelsummen S_x der D_x und die Doppelsummen R_x der C_x erweiterten Tabellen 8 und 12 nebeneinander abgedruckt sind. Diese Doppelsummen S_x und R_x finden bei Aufgaben Verwendung, in denen es sich um steigende oder fallende Beträge handelt (siehe Bd. II).

2. Nimmt man stets für das nächste Jahr eine Risikoversicherung, so sind jeweils die Prämien $\frac{C_x}{D_x}, \frac{C_{x+1}}{D_{x+1}}, \frac{C_{x+2}}{D_{x+2}} \ldots$ zu bezahlen; geht man auf die Bedeutung der Größen C_x und D_x zurück, so erhält man die Ausdrücke $\frac{d_x}{l_x} \cdot v, \frac{d_{x+1}}{l_{x+1}} \cdot v, \ldots$ welche bis auf den Faktor v gleich den Sterbenswahrscheinlichkeiten $q_x, q_{x+1}, \ldots$ sind. Vom versicherungstechnischen Standpunkt aus wäre eine solche fortlaufende Kette von einjährigen Todesfallversicherungen überaus unzweckmäßig, da bei einer solchen Versicherung die Prämien mit dem Alter beständig zunehmen würden („natürliche" Prämien).

Das Weitere über dieses „Umlageverfahren" findet man im III. Kapitel „Prämienreserve" (s. § 3 d, S. 86).

c) Die sofort beginnende lebenslängliche Todesfallversicherung.

Als Versicherungssumme wollen wir zunächst 1 nehmen. Reihen wir alle Risikoversicherungen desselben Eintrittsalters x für das 1., 2., 3., ... Jahr bis an das Ende der Sterbetafel aneinander, so erhalten wir die sofort beginnende lebenslängliche Todesfallversicherung. Die Prämie für letztere ist gleich der Summe der Prämien für erstere:

$$A_x = {}_1P_x + {}_2P_x + \cdots$$
$$= \frac{C_x + C_{x+1} + C_{x+2} + \cdots}{D_x} = \frac{\Sigma C_x}{D_x} = \frac{M_x}{D_x}. \qquad \text{(V)}$$

Die Summen $\Sigma C_x = M_x$ sind, wie schon erwähnt, in Tabelle 12 Spalte 3 zu finden: $M_{89} = C_{89} = 64$; $M_{88} = C_{89} + C_{88} = \Sigma C_{88} = 64 + 21 = 85$ usw. Um die Werte A_x zu erhalten, ist M_x (Tab. 12) durch das zugehörige D_x (Tab. 8) zu teilen.

In der nachfolgenden Tabelle 13 sind für alle Eintrittsalter die Werte A_x der Einmalprämien für die Versicherungssumme 100 auf zwei Dezimalstellen genau wiedergegeben.

Tabelle 13. Einmalige Prämien für die sofort beginnende lebenslängliche Todesfallversicherung (Versicherungssumme 100).

Eintrittsalter: x Einmalprämie: $A_x \cdot 100$

x	A_x	x	A_x	x	A_x	x	A_x	x	A_x
20	30,62	35	40,10	50	54,29	65	70,85	80	85,42
21	31,06	36	40,91	51	55,38	66	71,94	81	86,28
22	31,52	37	41,74	52	56,47	67	73,02	82	87,12
23	32,01	38	42,60	53	57,58	68	74,08	83	87,94
24	32,53	39	43,47	54	58,68	69	75,12	84	88,80
25	33,09	40	44,36	55	59,79	70	76,15	85	89,74
26	33,68	41	45,27	56	60,91	71	77,15	86	90,85
27	34,30	42	46,19	57	62,02	72	78,13	87	92,27
28	34,95	43	47,13	58	63,13	73	79,10	88	94,13
29	35,62	44	48,09	59	64,24	74	80,05	89	96,62
30	36,32	45	49,07	60	65,35	75	80,97		
31	37,04	46	50,07	61	66,46	76	81,88		
32	37,77	47	51,09	62	67,55	77	82,77		
33	38,52	48	52,14	63	68,65	78	83,65		
34	39,30	49	53,20	64	69,75	79	84,54		

Bei unserem Vorgehen, die Sterbetafel unmittelbar vor dem Erreichen des 90. Lebensjahres abzuschließen, wird für den Versicherten, welcher das 89. Lebensjahr vollendet, am Schlusse des darauffolgenden Jahres auf alle Fälle die vereinbarte Versicherungssumme ausbezahlt, ob er nun diesen Termin erlebt oder ob er im Laufe dieses Jahres stirbt.

Wie man sieht, nehmen die Werte A_x stetig mit dem Eintrittsalter zu, bis sie beim Alter 89 den Wert $100 \cdot v = 96{,}62$ erreichen. Das Verhalten der Werte A_x ist genau entgegengesetzt dem Verhalten der Werte $\mathbf{a}_x$ der sofort beginnenden lebenslänglichen Leibrente (Tab. 10). Seine Begründung findet dieser Umstand in der Beziehung: $A_x = 1 - d \cdot \mathbf{a}_x$, welche in § 6 abgeleitet wird. (NB.! $d = 1 - v = iv$!)

Beispiel: Ein 45-Jähriger möchte sich auf eine Summe von 20000 M. versichern, welche bei seinem Tod fällig werden soll. Wie hoch ist die Prämie?

$$x = 45 \quad S = 20000 \text{ M.}$$

$$\text{Tab. 12: } \left.\begin{matrix} M_{45} = 8108 \\ D_{45} = 16525 \end{matrix}\right\} P = \frac{8108}{16525} \cdot 20000 = \mathbf{9813\ M.}$$

$$\text{oder: Tab. 13: } A_x \cdot 100 = 49{,}07;\ P = 49{,}07 \cdot 200 = \mathbf{9814\ M.}$$

d) Die aufgeschobene lebenslängliche Todesfallversicherung.

Ist beim Abschluß der Versicherung eine Wartezeit vereinbart, innerhalb welcher beim Todesfall keine Auszahlungen gewährt werden, so fallen die ersten n Glieder bei der obigen Entwicklung weg und wir erhalten als einmalige Prämie:

$$_{n|}A_x = {}_{n+1}P_x + {}_{n+2}P_x + \cdots$$

$$= \frac{C_{x+n} + C_{x+n+1} + C_{x+n+2} + \cdots}{D_x}$$

$$= \frac{\Sigma C_{x+n}}{D_x} = \frac{M_{x+n}}{D_x}. \qquad \text{(VI)}$$

Beispiel: wie oben, jedoch mit einer 10-jährigen Wartezeit:

$$x = 45 \quad n = 10 \quad S = 20000 \text{ M.}$$

$$\text{Tab. 12: } \begin{matrix} M_{55} = 5832 \\ D_{45} = 16525 \end{matrix}\ P = \frac{5832}{16525} \cdot 20000 = \mathbf{7058\ M.}$$

(Vgl. auch die Bemerkung zu Tabelle 14, S. 51.)

e) Die temporäre oder kurze Todesfallversicherung.

Diese Versicherungsart, in der Praxis ebenfalls „Risikoversicherung“ genannt, bietet nur während einer bestimmten

Zahl von Jahren Versicherungsschutz gegen den Todesfall und ist die Ergänzung der aufgeschobenen zu der sofort beginnenden lebenslänglichen Todesfallversicherung.

Als Symbol für die kurze Todesfallversicherung verwendet man $|n$, wie man auch für die kurze Leibrente außer $\mathbf{a}_{x\overline{n}|}$ auch $_{|n}\mathbf{a}_x$ schreibt. Das Symbol $A_{x\overline{n}|}$ ist jedoch einer anderen Art von Versicherung (der gemischten Versicherung) vorbehalten, die mit der kurzen Leibrente in derselben einfachen Beziehung steht, wie die lebenslängliche Todesfallversicherung A_x mit der lebenslänglichen Leibrente $\mathbf{a}_x$ [vgl. dazu die Entwicklungen unter f) und in § 6].

Die Einmalprämie für die kurze Todesfallversicherung ist

$$
\begin{aligned}
{}_{|n}A_x &= {}_1P_x + {}_2P_x + \cdots + {}_nP_x \\
&= \frac{C_x + C_{x+1} + C_{x+2} + \cdots + C_{x+n-1}}{D_x} \\
&= \frac{\Sigma C_x - \Sigma C_{x+n}}{D_x} = \frac{M_x - M_{x+n}}{D_x}. \qquad \text{(VII)}
\end{aligned}
$$

Es ist also ${}_{|n}A_x = A_x - {}_{n|}A_x$.

Beispiel: wie oben, nur auf 10 Jahre abgekürzt:

$$x = 45 \quad n = 10 \quad S = 20000 \text{ M.}$$

$$
\left.\begin{aligned}
\text{Tab. 12: } M_{45} &= 8108 \\
M_{55} &= 5832 \\
\text{Tab. 8: } D_{45} &= 16525
\end{aligned}\right\} P = \frac{8108 - 5832}{16525} \cdot 20000 = \begin{array}{r} = \mathbf{2755\ M.} \\ = \mathbf{9813\ M.} \\ - \mathbf{7058\ M.} \end{array}
$$

(Vgl. auch die Bemerkung zu Tabelle 14.)

Als Spezialfall ($n = 1$) erhalten wir wieder die Risikoversicherung in a) für das nächste Jahr ($\nu = 1$)

$$ {}_{|1}A_x = \frac{C_x}{D_x}. $$

f) Die gemischte Versicherung oder die Versicherung auf den Todes- und Erlebensfall.

Die beiden zuletzt behandelten Versicherungen leiden an je einem wesentlichen Mangel: die aufgeschobene Versicherung bietet während der Wartezeit keinen Versicherungsschutz; bei der kurzen Versicherung ist im Falle des Erlebens der bedungenen Frist, während welcher der Versicherungsschutz gewährt wird, die Prämie nach Ansicht des Versicherten umsonst bezahlt, da ihr keine (bare) Gegenleistung gegenübersteht. Der Versicherte bedenkt aber nicht, daß die Gesellschaft die ganze Zeit das Risiko, beim Tod die Versicherungssumme auszahlen zu müssen, getragen hat.

Beide Versicherungsarten haben mit der Erlebensfallversicherung gemeinsam, daß die Auszahlung der Versicherungssumme nicht unter allen Umständen erfolgt. Die genannten drei Versicherungen sind — wie man sagt — keine „vollkommenen Versicherungen".

Ergänzt man die aufgeschobene Versicherung durch die zugehörige kurze, so erhält man die sofort beginnende lebenslängliche Todesfallversicherung.

Ergänzt man die kurze Versicherung durch die Erlebensfallversicherung, welche die Auszahlung der Versicherungssumme am Ende der ausgemachten Frist garantiert, so erhält man die gemischte Versicherung, bei der — wie bei der lebenslänglichen Versicherung — auf alle Fälle die Versicherungssumme fällig wird: entweder beim Todesfall innerhalb der Frist durch die kurze Todesfallversicherung oder beim Erlebensfall am Ende der Frist durch die Erlebensfallversicherung. Da bei einer solchen Versicherungsart einerseits die Hinterbliebenen versorgt sind, andererseits aber für den Versicherten eine gewisse Aussicht besteht, selbst in den Genuß der Versicherungssumme zu gelangen, hat sich diese Versicherungsart im Laufe des vorigen Jahrhunderts einer wachsenden Beliebtheit erfreut, trotzdem sie besonders bei kurzer Dauer bedeutend teurer ist als die sofort beginnende lebenslängliche Todesfallversicherung gleichen Eintrittsalters.

Die einmalige Prämie für die Summe 1, zahlbar beim Tod, spätestens aber nach Ablauf von n Jahren, wird für das Eintrittsalter x, wie schon erwähnt, allgemein mit $A_{x\overline{n}|}$ bezeichnet:

$$A_{x\overline{n}|} = {}_{|n}A_x + {}_nE_x = {}_1P_x + {}_2P_x + \cdots {}_nP_x + {}_nE_x$$
$$= \frac{C_x + C_{x+1} + C_{x+2} + \cdots + C_{x+n-1} + D_{x+n}}{D_x}$$
$$= \frac{\Sigma C_x - \Sigma C_{x+n} + D_{x+n}}{D_x} = \frac{M_x - M_{x+n} + D_{x+n}}{D_x}. \quad \text{(VIII)}$$

Die Werte $A_{x\overline{n}|}$ sind in der nachfolgenden Tabelle 14 für eine Versicherungssumme 100 auf 2 Dezimalstellen genau für fünfjährige Abstände wiedergegeben.

Tabelle 14. Einmalige Prämien für die gemischte Versicherung (V. S. 100).

Eintrittsalter: x Höchstdauer: n Einmalprämie: $A_{x\overline{n}|} \cdot 100$

Eintrittsalter	Höchstdauer n der Versicherung													
x	5	10	15	20	25	30	35	40	45	50	55	60	65	70
20	84,47	71,96	61,88	53,80	47,37	42,32	38,42	35,51	33,44	32,06	31,24	30,83	30,66	30,62
25	84,45	71,93	61,88	53,90	47,62	42,78	39,16	36,59	34,88	33,86	33,34	33,14	33,09	—
30	84,47	72,02	62,12	54,34	48,34	43,85	40,66	38,54	37,27	36,64	36,39	36,32	—	—
35	84,51	72,19	62,51	55,05	49,47	45,49	42,85	41,28	40,49	40,18	40,10	—	—	—
40	84,57	72,45	63,09	56,10	51,12	47,81	45,85	44,85	44,46	44,36	—	—	—	—
45	84,65	72,80	63,94	57,63	53,44	50,95	49,69	49,20	49,07	—	—	—	—	—
50	84,78	73,40	65,29	59,91	56,71	55,09	54,46	54,29	—	—	—	—	—	—
55	84,99	74,31	67,21	62,98	60,86	60,02	59,79	—	—	—	—	—	—	—
60	85,31	75,55	69,74	66,82	65,67	65,35	—	—	—	—	—	—	—	—
65	85,74	77,26	72,98	71,30	70,85	—	—	—	—	—	—	—	—	—
70	86,41	79,57	76,88	76,15	—	—	—	—	—	—	—	—	—	—
75	87,31	82,33	80,97	—	—	—	—	—	—	—	—	—	—	—
80	88,55	85,42	—	—	—	—	—	—	—	—	—	—	—	—
85	89,74	—	—	—	—	—	—	—	—	—	—	—	—	—

Das Verhalten der Werte $A_{x\overline{n}|}$ ist dem Verhalten der Werte $\mathbf{a}_{x\overline{n}|}$ der temporären Leibrenten gerade entgegengesetzt, wie aus der später in § 6 abgeleiteten Beziehung: $A_{x\overline{n}|} = 1 - d \cdot \mathbf{a}_{x\overline{n}|}$ klar hervorgeht. Infolge der Zusammensetzung der gemischten Versicherung aus zwei sich gegensätzlich verhaltenden Komponenten ist eine von dieser Beziehung absehende Begründung dieses Verhaltens der Werte $A_{x\overline{n}|}$ etwas erschwert. Immerhin ist aus der Tabelle 14 folgendes leicht zu entnehmen:

1. Bei gleichem Eintrittsalter nehmen die Prämien mit wachsender Dauer ab: erst rascher, dann immer langsamer; die Erlebensfallkomponente tritt gegenüber der kurzen Todesfallkomponente

mit wachsender Dauer immer mehr zurück; man überzeugt sich davon durch Subtraktion der Werte ${}_nE_x$ der Tabelle 9 von den Werten $A_{x\overline{n}|}$ der Tabelle 14, wodurch man die Werte ${}_{|n}A_x$ enthält. (Verhalten der Zeilen.)

2. Bei gleicher Dauer nehmen die Werte $A_{x\overline{n}|}$ mit wachsendem Eintrittsalter zu, und zwar immer mehr, je höher das Eintrittsalter und je größer die Dauer ist; die Erlebensfallkomponente nimmt dabei ab, die Todesfallkomponente wächst immer rascher. (Verhalten der Spalten.)

3. Bei gleichem Endalter ist eine Zunahme der Prämien mit steigendem Eintrittsalter (abnehmender Dauer) zu bemerken. Diese Zunahme ist bei beiden Komponenten, jedoch in verschiedenen Grade zu konstatieren. (Verhalten der Diagonalen.)

Die Zahlen der letzten Diagonale sind identisch mit den Werten A_x der Tabelle 13.

Anmerkung: Hat man durch Subtraktion der Werte ${}_nE_x$ von den Werten $A_{x\overline{n}|}$ die Werte ${}_{|n}A_x$ ermittelt, so kann man nun noch diese Werte ${}_{|n}A_x$ von den Werten A_x abziehen und erhält die Einmalprämien ${}_{n|}A_x$ für die aufgeschobene lebenslängliche Todesfallversicherung (Tab. 14, Tab. 9, Tab. 13).

Beispiel: Ein 30-Jähriger versichert sich auf die Summe von 10000 M. in der Weise, daß diese Summe fällig wird entweder beim Todesfall innerhalb der nächsten 40 Jahre oder beim Erleben des 70. Lebensjahres. Wie hoch ist die Einmalprämie?

$$x = 30 \quad n = 40 \quad S = 10000 \text{ M.};$$

Tab. 14: $A_{30\overline{40}|} = 0{,}3854$ also $P = 3854$ M.

Tab. 9: ${}_{40}E_{30} = 0{,}0929$

${}_{|40}A_{30} = 0{,}2925$

Tab. 13: $A_{30} = 0{,}3632$

${}_{40|}A_{30} = 0{,}0707$

oder:

Tab. 12: $M_{30} = 11850$

$M_{70} = 2309$

Tab. 8: $D_{70} = 3033$

$D_{30} = 32627$

$$P = \frac{11850 - 2309 + 3033}{32627} \cdot 10000 = \mathbf{3854\ M.}$$

Die Nachprüfung der eben gegebenen Werte für die Einmalprämien der einzelnen Versicherungsarten kann mit Hilfe der diskontierten Zahlen D_x, D_{x+n} und der Summen M_x, M_{x+n} erfolgen.

§ 5. Die Berechnung jährlicher Prämien.

Vom versicherungstechnischen Standpunkt wäre die

Bezahlung einer einmaligen Präme das einfachste Verfahren; von ganz besonderen Fällen abgesehen, ist jedoch die Belastung des Versicherten mit einer solchen einmaligen Ausgabe zu groß. Es handelt sich also darum, diese Ausgabe auf mehrere Jahre gleichmäßig zu verteilen; dabei ist zu beachten, daß solche wiederkehrende Zahlungen ausschließlich an das Leben des Versicherten und nicht etwa auch an das Leben des Rechtsnachfolgers geknüpft werden sollen, wie das unter Umständen bei den Zeitrenten der Fall sein kann (Tilgung von Schulden in einer bestimmten Zeit). Der Versicherte zahlt in unserem Fall sozusagen an die Gesellschaft eine Leibrente in der Höhe der vereinbarten Jahresprämie. Da die Prämien in der Regel jährlich vorausbezahlt werden müssen, sind die Formeln für die vorschüssigen Leibrentenwerte anzuwenden. Die Art der Leibrente richtet sich nach der Art der Prämienzahlung: sofort beginnende, aufgeschobene, lebenslängliche, temporäre Zahlung. Die Art der Prämienzahlung richtet sich in erster Linie nach der Art der Versicherung: bei der aufgeschobenen Leibrente, bei der Erlebensfall- und der kurzen Todesfallversicherung, sowie bei der gemischten Versicherung wird die Prämie höchstens n Jahre bezahlt; bei der sofort beginnenden und bei der aufgeschobenen lebenslänglichen Todesfallversicherung kommt sowohl die abgekürzte wie die lebenslängliche Prämienzahlung vor.

Auf alle Fälle aber muß die Jahresprämie so bemessen werden, daß der Barwert der Rente in der Höhe dieser Jahresprämie gleich der Einmalprämie ist: Grundsatz der „Äquivalenz von Leistung und Gegenleistung“.

a) Die Erlebensfallversicherung.

$${}_nP({}_nE_x) \cdot \mathbf{a}_{x\overline{n}|} = {}_nE_x;$$

$${}_nP({}_nE_x) = \frac{{}_nE_x}{\mathbf{a}_{x\overline{n}|}} = \frac{\dfrac{D_{x+n}}{D_x}}{\dfrac{\Sigma D_x - \Sigma D_{x+n}}{D_x}} = \frac{D_{x+n}}{N_x - N_{x+n}}. \tag{IX}$$

In gleicher Weise wie die Einmalprämien in Tabelle 9 gibt die nachfolgende Tabelle 15 die jährlichen Prämien für die Erlebensfallversicherung wieder, die vorschüssig während der ganzen Dauer der Versicherung von dem Versicherten, solange er lebt, zu zahlen sind.

Tabelle 15. Jährliche vorschüssige Prämien für die Erlebensfallversicherung (V. S. 100).

Eintrittsalter: x Dauer: n Jährliche Prämie: ${}_nP({}_nE_x)\cdot 100$

Eintrittsalter	Dauer n der Erlebensfallversicherung													
x	5	10	15	20	25	30	35	40	45	50	55	60	65	70
20	17,53	7,83	4,63	3,05	2,11	1,50	1,07	0,74	0,49	0,30	0,16	0,07	0,02	—
25	17,55	7,81	4,59	3,00	2,05	1,43	0,97	0,64	0,39	0,21	0,09	0,03	—	—
30	17,50	7,75	4,52	2,92	1,96	1,31	0,85	0,51	0,27	0,12	0,04	—	—	—
35	17,42	7,66	4,42	2,80	1,81	1,15	0,68	0,36	0,15	0,05	—	—	—	—
40	17,30	7,54	4,27	2,61	1,60	0,94	0,49	0,21	0,06	—	—	—	—	—
45	17,14	7,34	4,03	2,35	1,33	0,68	0,29	0,09	—	—	—	—	—	—
50	16,84	7,01	3,68	1,99	0,99	0,42	0,13	—	—	—	—	—	—	—
55	16,39	6,55	3,21	1,53	0,63	0,19	—	—	—	—	—	—	—	—
60	15,75	5,91	2,58	1,02	0,30	—	—	—	—	—	—	—	—	—
65	14,81	5,01	1,83	0,53	—	—	—	—	—	—	—	—	—	—
70	13,42	3,88	1,05	—	—	—	—	—	—	—	—	—	—	—
75	11,59	2,53	—	—	—	—	—	—	—	—	—	—	—	—
80	8,99	—	—	—	—	—	—	—	—	—	—	—	—	—
85	—	—	—	—	—	—	—	—	—	—	—	—	—	—

Diese Werte der Jahresprämien erhält man, indem man die Werte ${}_nE_x$ der Tabelle 9 durch die Werte $\mathbf{a}_{x\overline{n}|}$ der Tabelle 11 teilt. Hauptmerkmale des Verhaltens der Werte der Tabelle 15 sind: Bei gleichem Eintrittsalter eine mit wachsender Dauer verklingende Abnahme, bei gleicher Dauer ebenfalls Abnahme mit zunehmendem Eintrittsalter; bei gleichem Endalter immer stärkere Zunahme mit wachsendem Eintrittsalter (mit abnehmender Dauer).

Beispiel: Wie groß ist die jährliche Prämie für eine Erlebensfallversicherung eines 50-Jährigen auf das 60. Lebensjahr, wenn beim Erleben dieses Momentes 5000 M. ausbezahlt werden sollen?

$$x = 50 \quad n = 10 \quad x + n = 60 \quad S = 5000\text{ M.}$$

Tab. 8: $D_{50} = 12862$ $N_{50} = 173866$ Tab. 9: ${}_{10}E_{50} = 0{,}5516$

Tab. 8: $D_{60} = 7095$ $N_{60} = 72686$ Tab. 11: $\mathbf{a}_{50\,\overline{10}|} = 7{,}87$

$N_{50} - N_{60} = 101180$ Tab. 15: $P = 0{,}0701$

Die einmalige Prämie beträgt also **2758 M.** und die jährliche Prämie **350,50 M.** (genauer: 350,61 M.).

b) Die aufgeschobene lebenslängliche Leibrente.

An Stelle der Einmalprämie treten Jahresprämien während der Aufschubszeit.

1. Prämien und Renten werden vorschüssig bezahlt:

Ist die Rente 1, so bestimmt sich die Jahresprämie aus:

$${}_nP({}_{n|}\mathbf{a}_x) \cdot \mathbf{a}_{x\overline{n}|} = {}_{n|}\mathbf{a}_x$$

$${}_nP({}_{n|}\mathbf{a}_x) = \frac{{}_{n|}\mathbf{a}_x}{\mathbf{a}_{x\overline{n}|}} = \frac{\dfrac{\Sigma D_{x+n}}{D_x}}{\dfrac{\Sigma D_x - \Sigma D_{x+n}}{D_x}} = \frac{N_{x+n}}{N_x - N_{x+n}}. \quad \text{(X)}$$

2. Prämien und Renten werden nachschüssig bezahlt:

$${}_nP'({}_{n|}a_x) \cdot a_{x\overline{n}|} = {}_{n|}a_x; \quad {}_nP'({}_{n|}a_x) = \frac{N_{x+n+1}}{N_{x+1} - N_{x+n+1}}. \quad \text{(X')}$$

NB.! Man kann die aufgeschobene Leibrente auch als eine Erlebensfallversicherung auffassen, deren Versicherungssumme gleich dem Barwert einer sofort beginnenden lebenslänglichen Leibrente ist, die dem am Schlusse der Aufschubszeit erreichten Alter entspricht: z. B. ${}_{n|}\mathbf{a}_x = {}_nE_x(\mathbf{a}_{x+n}) = {}_nE_x \cdot \mathbf{a}_{x+n}$

$${}_nP({}_{n|}\mathbf{a}_x) = {}_nP({}_nE_x(\mathbf{a}_{x+n})) = {}_nP({}_nE_x) \cdot \mathbf{a}_{x+n} \quad \text{usw.}$$

Beispiel: Ein 40-Jähriger schließt einen Leibrentenvertrag ab, nach welchem er vom vollendeten 70. Lebensjahr an jährlich eine Rente von 1200 M. erhält. Wie groß ist die einmalige und wie groß die jährliche Prämie?

$x = 40 \quad n = 30 \quad x + n = 70 \quad R = 1200$ M.

Tab. 8:	$N_{40} = 344428$	Tab. 10:	$\mathbf{a}_{40} = 16{,}45$
,,	$N_{70} = 21390$	Tab. 11:	$\mathbf{a}_{40\overline{30}|} = 15{,}43$
,,	$D_{40} = 20933$		${}_{30|}\mathbf{a}_{40} = 1{,}02$
	$N_{40} - N_{70} = 323038$		
,,	$N_{41} = 323495$	Tab. 10:	$\mathbf{a}_{70} = 7{,}05$
,,	$N_{71} = 18357$	Tab. 9:	${}_{30}E_{40} = 0{,}1449$
	$N_{41} - N_{71} = 305138$	Tab. 15:	${}_{30}P({}_{30}E_{40}) = 0{,}0094$

Die einmalige Prämie berechnet sich am einfachsten aus ${}_{30|}\mathbf{a}_{40} \cdot R = 1{,}02 \cdot 1200 = 1224$ M. (genauer 1226,20 M.), wenn die Rente vorschüssig bezahlt wird. Wird aber die Rente nachschüssig bezahlt, so muß man zu den Größen N_{41} und D_{40} zurückgehen:

$${}_{30|}a_{40} \cdot R = \frac{N_{41}}{D_{40}} \cdot R = \frac{18357}{20933} \cdot 1200 = 1052{,}33$$

Werden Prämie und Rente vorschüssig bezahlt, so berechnet sich die jährliche Prämie am einfachsten aus

$$P(_{n|}\mathbf{a}_x) \cdot R = \frac{1{,}02 \cdot 1200}{15{,}43} = 79{,}32 \text{ M. (genauer } 79{,}46 \text{ M.)}$$

Werden Prämie und Rente jedoch nachschüssig bezahlt, so hat man die Formel

$$_nP'(_{n|}a_x) \cdot R = \frac{N_{71} \cdot R}{N_{41} - N_{71}} = \frac{18357 \cdot 1200}{305138} = 72{,}19 \text{ M.}$$

für die jährliche Prämie anzuwenden. Zur Kontrolle kann man bei vorschüssiger Zahlung die oben unter NB.! angegebenen Formeln verwenden.

c) Die sofort beginnende lebenslängliche Todesfallversicherung.

Die jährliche Prämie wird bei dieser Versicherungsart entweder lebenslänglich oder nur eine bestimmte Zeitlang bezahlt.

. Die lebenslänglich zu zahlende Prämie.

Aus der Gleichung: $P_x \cdot \mathbf{a}_x = A_x$ ergibt sich

$$P_x = \frac{A_x}{\mathbf{a}_x} = \frac{\frac{M_x}{D_x}}{\frac{N_x}{D_x}} = \frac{M_x}{N_x}. \tag{XI}$$

Die Werte P_x findet man für die Versicherungssumme 100 in der folgenden Tabelle 16 (S. 57) für alle Eintrittsalter x auf 2 Dezimalstellen genau berechnet:

Die Werte P_x der Tabelle 16 zeigen ein stetiges, mit zunehmendem Eintrittsalter immer stärker anwachsendes Ansteigen. Die im § 6 abzuleitende Formel $P_x = \frac{1}{\mathbf{a}_x} - d$ ergibt, daß P_x bis auf die Größe $d = 1 - v = i \cdot v$ mit dem reziproken Wert der Leibrente übereinstimmt, wodurch das Verhalten der Werte P_x hinreichend erklärt ist. Vergleiche auch die Tabelle 18 der reziproken Leibrentenwerte auf S. 65 und die zugehörige Anmerkung!

Beispiel: Welche lebenslänglich vorschüssig zu zahlende Jahresprämie ist für eine Versicherungssumme von 70000 M. zu entrichten, wenn der Versicherte beim Abschluß der Versicherung 55 Jahre alt ist?

$x = 55 \quad S = 70000$ M.

Tab. 12: $M_{55} = 5832$
Tab. 8: $N_{55} = 115965$
,, $D_{55} = 9753$

oder
Tab. 13: $A_{55} = 0{,}5979$
Tab. 16: $P_{55} = 0{,}0503$
Tab. 10: $\mathfrak{a}_{55} = 11{,}89$

Einmalprämie:
$A_{55} \cdot S = 0{,}5979 \cdot S =$ **41853 M.**

Jahresprämie:
$P_{55} \cdot S = 0{,}0503 \cdot S =$ **3521 M.**

Tabelle 16. Jährliche lebenslänglich vorschüssig zu zahlende Prämien für die sofortbeginnende lebenslängliche Todesfallversicherung (V. S. 100).

Eintrittsalter: x Jährl. Prämie: $P_x \cdot 100$

x	P_x	x	P_x	x	P_x	x	P_x	x	P_x
20	1,49	35	2,26	50	4,02	65	8,22	80	19,82
21	1,52	36	2,34	51	4,20	66	8,67	81	21,27
22	1,56	37	2,42	52	4,39	67	9,15	82	22,87
23	1,59	38	2,51	53	4,59	68	9,66	83	24,66
24	1,63	39	2,60	54	4,80	69	10,21	84	26,81
25	1,67	40	2,70	55	5,03	70	10,80	85	29,59
26	1,72	41	2,80	56	5,27	71	11,42	86	33,58
27	1,77	42	2,90	57	5,52	72	12,08	87	40,37
28	1,82	43	3,01	58	5,79	73	12,80	88	54,21
29	1,87	44	3,13	59	6,08	74	13,57	89	96,62
30	1,93	45	3,26	60	6,38	75	14,39		
31	1,99	46	3,39	61	6,70	76	15,28		
32	2,05	47	3,53	62	7,04	77	16,24		
33	2,12	48	3,68	63	7,41	78	17,31		
34	2,19	49	3,84	64	7,80	79	18,49		

2. Die n Jahre zu zahlende Prämie.

Zur Entlastung der höheren Alter, die oft auch die wirtschaftlich schwächeren sind, kann gegen eine in der Regel mäßige Prämienerhöhung die Zahlungsdauer für die Jahresprämien auf eine bestimmte Dauer n herabgesetzt werden. Aus der Gleichung

${}_nP_x \cdot \mathbf{a}_{x\overline{n}|} = A_x$ ergibt sich

$$ {}_nP_x = \frac{A_x}{\mathbf{a}_{x\overline{n}|}} = \frac{\frac{M_x}{D_x}}{\frac{N_x - N_{x+n}}{D_x}} = \frac{M_x}{N_x - N_{x+n}}. \qquad \text{(XIa)} $$

Beispiel: Wie oben, nur ist die Prämienzahlung auf 20 Jahre abgekürzt.

$x = 55 \quad n = 20 \quad x + n = 75 \quad S = 70000$ M.

Tab. 13: $A_{55} = 0{,}5979$
Tab. 11: $\mathbf{a}_{55\overline{20}|} = 10{,}95$ $\Big\}\ {}_{20}P_{55} \cdot S = \frac{0{,}5979}{10{,}95} \cdot 70000 = 3822$ M.

oder:

Tab. 12: $M_{55} = 5832$
Tab. 8: $N_{55} = 115965$
,, $N_{75} = 9204$
$N_{55} - N_{75} = 106761$ $\Big\}\ {}_{20}P_{55} \cdot S = \frac{5832}{106761} \cdot 70000 = 3824$ M.

Gegenüber der lebenslänglich zu zahlenden Prämie von 3521 M. bedeutet die Abkürzung der Dauer auf 25 Jahre einen Zuschlag von ungefähr 8% auf erstere.

Bei niedrigeren Eintrittsaltern ist bei gleicher Dauer der Zuschlag noch bedeutend kleiner.

d) Die aufgeschobene lebenslängliche Todesfallversicherung.

Hier sind folgende drei Fälle zu unterscheiden:

1. Die Jahresprämie wird innerhalb der Aufschubszeit bezahlt:

$\mathbf{a}_{x\overline{n}|} \cdot P = {}_{n|}A_x$ d. h.

$$ P = \frac{{}_{n|}A_x}{\mathbf{a}_{x\overline{n}|}} = \frac{\frac{M_{x+n}}{D_x}}{\frac{N_x - N_{x+n}}{D_x}} = \frac{M_{x+n}}{N_x - N_{x+n}}. \qquad \text{(XII)} $$

2. Die Jahresprämie wird lebenslänglich bezahlt:

$$ \mathbf{a}_x \cdot P' = {}_{n|}A_x \text{ d. h. } P' = \frac{{}_{n|}A_x}{\mathbf{a}_x} = \frac{\frac{M_{x+n}}{D_x}}{\frac{N_x}{D_x}} = \frac{M_{x+n}}{N_x}. \qquad \text{(XIIa)} $$

3. Die Jahresprämie wird eine bestimmte Zeit t bezahlt: $\mathfrak{a}_{x\overline{t}|} \cdot P'' = {}_{n|}A_x$ d. h.

$$P'' = \frac{{}_{n|}A_x}{\mathfrak{a}_{x\overline{t}|}} = \frac{\dfrac{M_{x+n}}{D_x}}{\dfrac{N_x - N_{x+t}}{D_x}} = \frac{M_{x+n}}{N_x - N_{x+t}}. \qquad \text{(XIIb)}$$

NB.! Man kann auch die aufgeschobene Todesfallversicherung als eine Erlebensfallversicherung auffassen, deren Summe gleich dem Barwert der sofort beginnenden Todesfallversicherung ist, die dem am Ende der Aufschubszeit erreichten Alter entspricht:

$${}_{n|}A_x = {}_nE_x(A_{x+n}) = {}_nE_x \cdot A_{x+n} = \frac{D_{x+n}}{D_x} \cdot \frac{M_{x+n}}{D_{x+n}}$$ und ebenso

${}_nP({}_{n|}A_x) = {}_nP({}_nE_x(A_{x+n})) = {}_nP({}_nE_x) \cdot A_{x+n}$ (aber nur für Fall 1). Für Fall 1 siehe auch die Bemerkung zu Tabelle 17!

Beispiel: Ein 30-Jähriger schließt eine lebenslängliche Todesfallversicherung auf die Summe 10000 M. ab, zahlbar bei Tod, frühestens aber im 16. Versicherungsjahr. Wie groß ist die einmalige Prämie; wie groß die Jahresprämie entweder nur in der Aufschubszeit oder lebenslänglich oder höchstens 25 Jahre zu bezahlen? $x = 30$ $n = 15$ $t = 25$ $S = 10000$ M.

Die einmalige Prämie 2485 M. berechnet sich am einfachsten aus

$${}_{n|}A_x = A_x - (A_{x\overline{n}|} - {}_nE_x)$$
$$= 0{,}3632 - (0{,}6212 - 0{,}5065) = 0{,}3632 - 0{,}1147 = 0{,}2485.$$

Die für die einzelnen Fälle zugehörigen Leibrentenwerte sind 1. $\mathfrak{a}_{30\overline{15}|} = 11{,}20$ 2. $\mathfrak{a}_{30} = 18{,}83$ 3. $\mathfrak{a}_{30\overline{25}|} = 15{,}28$.

Teilt man die einmalige Prämie 2485 M. durch diese Werte, so erhält man die entsprechenden Jahresprämien

1. $P \cdot S = 221{,}88$ M. 2. $P' \cdot S = 131{,}97$ M. 3. $P'' \cdot S = 162{,}63$ M.

Geht man auf die Größen M_{45}, N_{30}, N_{45}, N_{55} zurück:

Tab. 12: $M_{45} = 8108$
Tab. 8: $N_{30} = 614409$
$N_{45} = 248897$ $N_{30} - N_{45} = 365512$
$N_{55} = 115965$ $N_{30} - N_{55} = 498444$,

so erhält man

$P \cdot S = 81080000 : 365512 = 221{,}83$ M.
$P' \cdot S = 81080000 : 614409 = 131{,}96$ M.
$P'' \cdot S = 81080000 : 498444 = 162{,}67$ M.

also fast dieselben Werte.

e) Die kurze Todesfallversicherung (Risikoversicherung).

Wir wollen nur den Fall berücksichtigen, daß während der ganzen Dauer des Versicherungsschutzes vorschüssige Jahresprämien bezahlt werden: ${}_{|n}P_x \cdot \mathbf{a}_{x\overline{n}|} = {}_{|n}A_x$, d. h.

$$ {}_{|n}P_x = {}_nP({}_{|n}A_x) = \frac{{}_{|n}A_x}{\mathbf{a}_{x\overline{n}|}} = \frac{\dfrac{M_x - M_{x+n}}{D_x}}{\dfrac{N_x - N_{x+n}}{D_x}} = \frac{M_x - M_{x+n}}{N_x - N_{x+n}}. \quad \text{(XIII)} $$

Beispiel: Jemand will im Alter von 40 Jahren für die nächsten 10 Jahre eine Versicherung gegen Todesfall auf die Summe von 30000 M. abschließen. Wie groß sind Einmal- und Jahresprämie?

$$ {}_{|10}A_{40} = A_{40\overline{10}|} - {}_{10}E_{40} = 0{,}7245 - 0{,}6144 = 0{,}1101; $$

also Einmalprämie: **3303 M.**

Benutzen wir die unter f) gegebene Tabelle 17 der Jahresprämien für die gemischte Versicherung und die Tabelle 15 der Jahresprämien für die Erlebensfallversicherung, so erhalten wir:

$$ {}_nP({}_{|n}A_x) = {}_nP(A_{x\overline{n}|}) - {}_nP({}_nE_x) = 0{,}0889 - 0{,}0754 = 0{,}0135; $$

also Jahresprämie: **405 M.**

Gehen wir auf die Werte von $M_x, M_{x+n}, N_x, N_{x+n}$ zurück:

$$ \begin{array}{rlrl} \text{Tab. 12: } & M_{40} = 9285 & \text{Tab. 8: } & N_{40} = 344428 \\ & M_{50} = 6982 & & N_{50} = 173866 \\ \hline & M_{40} - M_{50} = 2303 & & N_{40} - N_{50} = 170562, \end{array} $$

so erhalten wir für die Jahresprämie:

$$ P \cdot S = \frac{69090000}{170562} = \mathbf{405{,}07\ M.}; $$

fast derselbe Wert ergibt sich aus

$$ P \cdot S = ({}_{|10}A_{40} \cdot S) : \mathbf{a}_{40\overline{10}|} = 3303 : 8{,}15 = 405{,}28\ \text{M}. $$

f) Die gemischte Versicherung.

Auch hier soll nur der Fall behandelt werden, daß die vorschüssige Prämie während der ganzen Dauer der Versicherung entrichtet wird.

Aus der Gleichung: $P_{x\overline{n}|} \cdot \mathbf{a}_{x\overline{n}|} = A_{x\overline{n}|}$ ergibt sich

$$P_{x\overline{n}|} = \frac{A_{x\overline{n}|}}{\mathbf{a}_{x\overline{n}|}} = \frac{\dfrac{M_x - M_{x+n} + D_{x+n}}{D_x}}{\dfrac{N_x - N_{x+n}}{D_x}}$$

$$= \frac{M_x - M_{x+n} + D_{x+n}}{N_x - N_{x+n}}. \qquad \text{(XIV)}$$

Bei der Wichtigkeit dieser Versicherungsart (sie ist besonders in Deutschland sehr stark verbreitet) sollen die Werte $P_{x\overline{n}|}$ dieser Jahresprämien für die gemischte Versicherung für 5jährige Abstände bei einer Versicherungssumme von 100 M. in der nachfolgenden Tabelle 17 auf 2 Dezimalstellen gegeben werden.

Tabelle 17. Jährliche vorschüssige Prämien für die gemischte Versicherung (Versicherungssumme 100 M).

Eintrittsalter: x Höchstdauer: n Jährliche Prämie: $P_{x\overline{n}|} \cdot 100$

Eintritts-alter	Höchstdauer n der Versicherung													
x	5	10	15	20	25	30	35	40	45	50	55	60	65	70
20	18,40	8,68	5,49	3,94	3,04	2,48	2,11	1,86	1,70	1,60	1,54	1,51	1,50	1,49
25	18,37	8,66	5,49	3,95	3,07	2,53	2,18	1,95	1,81	1,73	1,69	1,68	1,67	—
30	18,39	8,70	5,54	4,02	3,16	2,64	2,32	2,12	2,01	1,95	1,93	1,93	—	—
35	18,45	8,78	5,64	4,14	3,31	2,82	2,54	2,38	2,30	2,27	2,26	—	—	—
40	18,53	8,89	5,78	4,32	3,54	3,10	2,86	2,75	2,71	2,70	—	—	—	—
45	18,64	9,05	6,00	4,60	3,88	3,51	3,34	3,28	3,26	—	—	—	—	—
50	18,83	9,33	6,36	5,05	4,43	4,15	4,04	4,02	—	—	—	—	—	—
55	19,15	9,78	6,93	5,75	5,26	5,08	5,03	—	—	—	—	—	—	—
60	19,64	10,45	7,79	6,81	6,47	6,38	—	—	—	—	—	—	—	—
65	20,33	11,49	9,13	8,40	8,22	—	—	—	—	—	—	—	—	—
70	21,50	13,17	11,25	10,80	—	—	—	—	—	—	—	—	—	—
75	23,27	15,76	14,39	—	—	—	—	—	—	—	—	—	—	—
80	26,15	19,82	—	—	—	—	—	—	—	—	—	—	—	—
85	29,59	—	—	—	—	—	—	—	—	—	—	—	—	—

Das Verhalten dieser Werte $P_{x\overline{n}|}$ läßt sich kurz dahin charakterisieren:

1. Bei gleichem Eintrittsalter nehmen sie mit zunehmender Dauer erst rasch, dann immer langsamer ab (Verhalten der Zeilen).

2. Bei gleicher Dauer nehmen sie entsprechend der zunehmenden Sterblichkeit mit dem Eintrittsalter zu (Verhalten der Spalten).

3. Bei gleichem Endalter wachsen sie mit zunehmendem Eintrittsalter (abnehmender Dauer), und zwar immer rascher, je mehr das Eintrittsalter zunimmt (Verhalten der Diagonalen). Die Werte der letzten Diagonale sind übrigens identisch mit den entsprechenden Werten aus Tabelle 16.

Die Begründung für dieses Verhalten der $P_{x\overline{n}|}$ liegt in der § 6 abgeleiteten Beziehung: $P = \frac{1}{\mathrm{a}_{x\overline{n}|}} - d$ $(d = 1 - v = i \cdot v)$; die Werte $P_{x\overline{n}|}$ verhalten sich bis auf den konstanten Subtrahenden d genau wie die reziproken Werte der entsprechenden temporären vorschüssigen Leibrente, die übrigens in einer gesonderten Tabelle (Tab. 18, S. 65) abgedruckt sind.

NB.! Zieht man von den Werten $P_{x\overline{n}|}$ in Tab. 17 die Werte ${}_nP({}_nE_x)$ der Tabelle 15 ab, so erhält man die Werte ${}_nP({}_{|n}A_x)$, d. h. die Jahresprämie für die Risikoversicherung.

Beispiel: Jemand schließt mit 40 Jahren auf die Summe von 8000 M. gegen jährliche Prämienzahlung eine Ablebens- und Erlebensversicherung ab, welche beim Tod innerhalb von 25 Jahren, spätestens aber am Ende dieser Frist endet; wie groß ist die Jahresprämie?

$$x = 40 \quad n = 25 \quad x + n = 65 \quad S = 8000\ \text{M.}$$

Nach Tabelle 14 ist die einmalige Prämie: $0{,}5112 \cdot 8000 = $ **4089,06 M.**

Nach Tabelle 17 ist die Jahresprämie: $0{,}0354 \cdot 8000 = $ **283,20 M.**

Die zugehörige Leibrente ist nach Tab. 11 $\mathrm{a}_{40\overline{25}|} = 14{,}45$

Nach Tab. 12 ist $M_{40} = 9285$ nach Tab. 8 ist $N_{40} = 344428$

„ „ „ $M_{65} = 3440$ „ „ „ $N_{65} = 41864$

„ „ 8 „ $D_{65} = 4856$ $N_{40} - N_{65} = 302564$,

$M_{40} - M_{65} + D_{65} = 10701$,

$$\text{also } P_{40\overline{25}|} \cdot S = \frac{10701 \cdot 8000}{302564} = \frac{85608000}{302564} = \mathbf{282{,}94\ M.}$$

Anmerkung: Wie oben schon erwähnt, kann man die Tabelle 17 im Verein mit Tabelle 15, falls auch die abgekürzte Prämie der lebenslänglichen Todesfallversicherung bekannt ist, dazu verwenden, nicht nur die Prämie für die kurze, sondern auch die während der Aufschubszeit zu zahlende Prämie für die aufgeschobene lebenslängliche Todesfallversicherung zu berechnen:

$${}_nP({}_{n|}A_x) = {}_nP(A_x) - {}_nP({}_{|n}A_x).$$

Tab. 17: $P_{40\overline{25}|} = 0{,}0354$
„ 15: ${}_{25}P({}_{25}E_{40}) = 0{,}0160$
${}_{25}P({}_{|25}A_{40}) = 0{,}0194$
${}_{25}P(A_{40}) = 0{,}0306$
${}_{25}P({}_{25|}A_{40}) = 0{,}0112$

Es empfiehlt sich, diese Werte an Hand der Formeln (XIV), (XIII), (XII) und (XIa) nachzurechnen.

§ 6. Die Berechnung der einmaligen und der jährlichen Prämien aus der Tabelle der temporären Leibrenten.

a) Der Zusammenhang der diskontierten Toten und deren Summen mit den diskontierten Lebenden und deren Summen.

Aus der Grundgleichung $d_x = l_x - l_{x+1}$ erhält man

$$C_x = d_x \cdot v^{x+1} = (l_x - l_{x+1}) \cdot v^{x+1}$$
$$= v \cdot D_x - D_{x+1} = D_x - D_{x+1} - d \cdot D_x .$$

Schreiben wir diese identische Gleichung für alle Alter von x bis 89 untereinander

$$\begin{aligned} C_x &= D_x - D_{x+1} - d \cdot D_x \\ C_{x+1} &= D_{x+1} - D_{x+2} - d \cdot D_{x+1} \\ &\ldots\ldots\ldots\ldots\ldots \\ C_{88} &= D_{88} - D_{89} - d \cdot D_{88} \\ C_{89} &= D_{89} - \cdot - d \cdot D_{89} \end{aligned}$$

und summieren alle diese Gleichungen, so erhalten wir die gewünschte Beziehung zwischen den Größen M_x, D_x und N_x:

$$\Sigma C_x = D_x - d \cdot \Sigma D_x \quad \text{oder} \quad M_x = D_x - d \cdot N_x .$$

NB. Setzt man $x = 89$, so erhält man gemäß der Art unserer Sterbetafel: $C_{89} = (1 - d)\, D_{89} = v \cdot D_{89}$; denn $N_{89} = D_{89}$ (letzte Zeile der Tab. 8!). Zu merken ist auch die Beziehung: $v \cdot D_x = C_x + D_{x+1}$.

b) Umformung der Ausdrücke für die einmaligen Prämien.

1. Lebenslängliche sofort beginnende Todesfallversichesicherung:

$$A_x = \frac{M_x}{D_x} = \frac{D_x - d \cdot N_x}{D_x} = 1 - d \cdot \frac{N_x}{D_x} = 1 - d \cdot \mathrm{a}_x . \qquad (\mathrm{V}')$$

2. Aufgeschobene lebenslängliche Todesfallversicherung:

$$_{n|}A_x = \frac{M_{x+n}}{D_x} = \frac{D_{x+n} - d \cdot N_{x+n}}{D_x} = \frac{D_{x+n}}{D_x} - d \cdot \frac{N_{x+n}}{D_x}$$
$$= {}_nE_x - d \cdot {}_{n|}\mathrm{a}_x = {}_nE_x (1 - d \cdot \mathrm{a}_{x+n}) = {}_nE_x \cdot A_{x+n} . \qquad (\mathrm{VI}')$$

3. Kurze Todesfallversicherung:

$$ {}_{|n}A_x = \frac{M_x - M_{x+n}}{D_x} = \frac{D_x - d \cdot N_x - D_{x+n} + d \cdot N_{x+n}}{D_x} $$

$$ = 1 - d \cdot \mathbf{a}_x - {}_nE_x + d \cdot {}_{n|}\mathbf{a}_x $$

$$ = 1 - d \cdot \mathbf{a}_{x\overline{n}|} - {}_nE_x = A_{x\overline{n}|} - {}_nE_x . \qquad \text{(VII')} $$

4. Gemischte Versicherung:

$$ A_{x\overline{n}|} = \frac{M_x - M_{x+n} + D_{x+n}}{D_x} $$

$$ = \frac{D_x - d \cdot N_x - D_{x+n} + d \cdot N_{x+n} + D_{x+n}}{D_x} $$

$$ = 1 - d \cdot \frac{N_x - N_{x+n}}{D_x} = 1 - d \cdot \mathbf{a}_{x\overline{n}|} . \qquad \text{(VIII')} $$

Dieselbe einfache Beziehung erhält man, wie aus (VII') hervorgeht, aus der Definition der gemischten Versicherung als der Summe aus einer kurzen Todesfallversicherung und der zugehörigen Erlebensfallversicherung. Die beiden „vollkommenen" Versicherungen 1. und 4. zeigen denselben einfachen Zusammenhang zwischen der Einmalprämie und der zugehörigen Leibrente: $A = 1 - d \cdot \mathbf{a}$, der sich auch unmittelbar erklären läßt[1]).

c) Umformung der Ausdrücke für die jährlichen Prämien für die beiden vollkommenen Versicherungen.

1. Lebenslängliche Todesfallversicherung:

$$ P_x = \frac{A_x}{\mathbf{a}_x} = \frac{M_x}{N_x} = \frac{D_x - d \cdot N_x}{N_x} = \frac{1 - d \cdot \mathbf{a}_x}{\mathbf{a}_x} = \frac{1}{\mathbf{a}_x} - d). \qquad \text{(XI')} $$

4. Gemischte Versicherung:

[1]) Der Versicherte erhält gegen die Einmalprämie A die Versicherungssumme 1 sofort als Darlehen und verzinst dasselbe, indem er auf die Dauer der Versicherung jährlich vorschüssig d zahlt.

[2]) Durch die jährliche Prämie P und den vorschüssigen Zins d tilgt er dieses Darlehen innerhalb der vereinbarten Versicherungsdauer.

In beiden Fällen geht im Versicherungsfall das Darlehen als fällige Versicheru umme in das Eigentum des Versicherten (bzw. seiner Erben) über

$$P_{x\overline{n}|} = \frac{A_{x\overline{n}|}}{\mathbf{a}_{x\overline{n}|}} = \frac{M_x - M_{x+n} + D_{x+n}}{N_x - N_{x+n}}$$

$$= \frac{D_x - d \cdot (N_x - N_{x+n})}{N_x - N_{x+n}} = \frac{1 - d \cdot \mathbf{a}_{x\overline{n}|}}{\mathbf{a}_{x\overline{n}|}} = \frac{1}{\mathbf{a}_{x\overline{n}|}} - d^{1}). \quad (\mathrm{XIV}')$$

(NB. $\boldsymbol{d} = 1 - v = i \cdot v = \mathbf{0{,}03382}$ für $p = 3\frac{1}{2}\%$!)

Man erhält also dasselbe Ergebnis, ob man auf die diskontierten Zahlen und deren Summen zurückgeht oder ob man die Einmalprämie durch die zugehörige Leibrente teilt.

Da für die Berechnung dieser jährlichen Prämien und auch sonst die Kenntnis der reziproken Werte $\frac{1}{\mathbf{a}_{x\overline{n}|}}$ von großem Nutzen ist — man multipliziert im allgemeinen lieber, als daß man teilt —, so seien in der nachfolgenden Tabelle 18 diese reziproken Werte zusammengestellt; zur Vermeidung überflüssiger Dezimalstellen sind alle Zahlen mit 10000 multipliziert.

Tabelle 18. Die mit 10000 multiplizierten reziproken Werte der temporären Leibrente.

Eintrittsalter: x Höchstdauer: n Wert: $\frac{1}{\mathbf{a}_{x\overline{n}|}} \cdot 10000$

Eintrittsalter	Höchstdauer n der Rente													
x	5	10	15	20	25	30	35	40	45	50	55	60	65	70
20	2178	1206	887	732	642	586	549	524	508	498	492	489	488	487
25	2175	1205	887	733	646	591	556	533	519	511	507	506	505	—
30	2178	1209	893	741	655	602	570	550	539	534	532	531	—	—
35	2183	1216	902	752	669	620	592	576	568	565	565	—	—	—
40	2191	1227	916	770	692	648	624	613	609	608	—	—	—	—
45	2202	1243	938	798	726	689	672	666	664	—	—	—	—	—
50	2221	1271	974	844	781	753	743	740	—	—	—	—	—	—
55	2254	1316	1031	914	864	846	841	—	—	—	—	—	—	—
60	2302	1383	1118	1019	985	976	—	—	—	—	—	—	—	—
65	2372	1487	1252	1178	1160	—	—	—	—	—	—	—	—	—
70	2489	1655	1463	1418	—	—	—	—	—	—	—	—	—	—
75	2665	1914	1777	—	—	—	—	—	—	—	—	—	—	—
80	2953	2320	—	—	—	—	—	—	—	—	—	—	—	—
85	3297	—	—	—	—	—	—	—	—	—	—	—	—	—

[1]) Siehe Note 2 auf Seite 64.

NB. Die Tabelle 18 gibt zugleich auch die Höhe der sofort beginnenden vorschüssigen Leibrente an, die beim Eintrittsalter x aus einer Einlage 10000 n Jahre lang gewährt werden kann (sozusagen: Tilgungsquoten auf Lebensdauer, höchstens aber n Jahre).

Zieht man von diesen Werten 338 ab, so erhält man die jährlichen Prämien für eine gemischte Versicherung auf die Summe 10000 M., die mit x vollendeten Lebensjahren auf die Dauer von n Jahren genommen wird (vgl. Tab. 17).

Beispiele: 1. Welche Jahresprämie ist von einem 50-Jährigen für eine sofort beginnende lebenslängliche Todesfallversicherung (Versicherungssumme 30000 M.) lebenslänglich zu bezahlen?

$$x = 50 \quad (n = 40) \quad S = 30000 \text{ M.}$$

Tab. 16 oder 17: $P_{50} = P_{50\,\overline{40}|} = 0{,}0402$

$$P_{50} \cdot S = 0{,}0402 \cdot 30000 = \mathbf{1206\ M.}$$

Tab. 18: $\dfrac{1}{\mathbf{a}_{50}} = 0{,}0740$

$$S \cdot P_{50} = (740 - 338) \cdot 3 = 402 \cdot 3 = \mathbf{1206\ M.}$$

2. Welche Jahresprämie ist von einem 45-Jährigen für eine gemischte Versicherung auf das 70. Lebensjahr (Versicherungssumme 20000 M.) zu bezahlen?

$$x = 45 \quad n = 25 \quad x + n = 70 \quad S = 20000 \text{ M.}$$

Tab. 17: $P_{45\,\overline{25}|} = 0{,}0388$

$$P_{45\,\overline{25}|} \cdot S = 0{,}0388 \cdot 20000 = \mathbf{776\ M.}$$

Tab. 18: $\dfrac{1}{\mathbf{a}_{45\,\overline{25}|}} = 0{,}0726$

$$S \cdot P_{45\,\overline{25}|} = (726 - 338) \cdot 2 = 388 \cdot 2 = \mathbf{776\ M.}$$

§ 7. Die Versicherung zu festem Auszahlungstermin.

Will (sich) jemand die Auszahlung einer bestimmten Summe S an einem von vornherein festgesetzten Termin (am Ende des n-ten Jahres vom Abschluß des Vertrags an gerechnet) durch eine einmalige Prämie sichern, so hat er $A = v^n \cdot S$ zu bezahlen. Diese Prämie ist ersichtlich von dem Alter des Abschließenden völlig unabhängig (siehe Kap. I § 2b).

Soll diese einmalige Prämie A auf eine Zahl von Jahren verteilt werden, so kann dies in der Art einer Zeitrente geschehen (siehe Kap. I § 3b/d). Man verbindet aber häufig die reine Spartätigkeit mit dem versicherungstechnischen Element der Leibrente. Dadurch entsteht dann die folgende Versicherungsart, die als sogenannte „Aussteuerversicherung" in den verschiedensten Abarten betrieben wird.

„Eine Person B des Alters x zahlt, solange sie lebt, höchstens aber n Jahre lang, zugunsten einer Person C eine vorschüssige Prämie dafür, daß C oder dessen Erbe bzw. Rechtsnachfolger nach Ablauf dieser n Jahre in den Genuß der Summe S gelangt."

Die Auzsahlung wird also auf jeden Fall an dem bestimmten Termin geleistet; die Prämie jedoch wird nur, solange der Versorger B lebt, höchstens aber n Jahre lang bezahlt. Aus der Gleichung: $P \cdot \mathfrak{a}_{x\overline{n}|} = v^n \cdot S = A$ errechnet sich

$$P = \frac{A}{\mathfrak{a}_{x\overline{n}|}} = \frac{v^n \cdot S}{\mathfrak{a}_{x\overline{n}|}} = \frac{v^n \cdot S \cdot D_x}{N_x - N_{x+n}}.$$

Zur Berechnung von P können wir die Tabelle 18 und die Tabelle 2 der Abzinsungsfaktoren verwenden.

Beispiel: Ein 50-jähriger Vater will für seine Tochter oder irgend eine Ersatzperson eine Summe von 10000 M., fällig nach 15 Jahren, sicher stellen; wieviel muß er jährlich vorschüssig, solange er lebt, höchstens aber 15 Jahre lang einzahlen?

$$x = 50 \quad n = 15 \quad S = 10000 \text{ M.}$$

Tab. 2: $3\frac{1}{2}\%$: $v^{15} = 0{,}59689$

Tab. 18: $\frac{1}{\mathfrak{a}_{50\overline{15}|}} = 0{,}0974$

$$A = 0{,}59689 \cdot 10000 = \mathbf{5968{,}9\ M.}$$
$$P = 5968{,}9 \cdot 0{,}0974 = \mathbf{581{,}40\ M.}$$

oder: Tab. 8: $D_{50} = 12862$

„ „ $N_{50} - N_{65} = 173866 - 41864 = 132002$

$$P = \frac{5968{,}9 \cdot 12862}{132002} = \mathbf{581{,}60\ M.}$$

III. Kapitel.

Die Prämienreserve.

§ 1. Der Begriff der Prämienreserve.

Zu einer klaren Erkenntnis dieses wichtigsten Begriffes der Versicherungstechnik gelangt man am einfachsten durch die Betrachtung des ganzen Verlaufs einer Versicherung oder noch genauer gesagt: des ganzen Verlaufs einer Gesamtheit von gleichartigen Versicherungen.

Als Beispiel wählen wir die gemischte Versicherung eines 40-Jährigen auf die Summe 100 M. Um den ganzen Verlauf auch zahlenmäßig darstellen zu können, wählen wir eine kürzere Dauer, als in der Praxis im allgemeinen üblich ist, nämlich 10 Jahre: $x = 40$ $n = 10$ $S = 100$ M.

1. Der Fall der einmaligen Prämie.

Nach Tabelle 14 beträgt die einmalige Prämie $P = A_{40\overline{10|}} \cdot S = 72{,}45$ M. Um eine möglichste Genauigkeit zu erzielen, sei hier ausnahmsweise mit 72,4454 M. gerechnet.

Wir nehmen wie bei der Berechnung der Prämien an, daß alle Lebenden $l_{40} = 82878$ unserer Sterbetafel eine solche Versicherung eingehen und verfolgen den Verlauf dieser Gesamtheit von gleichartigen, gleichzeitig abgeschlossenen Versicherten während der ganzen 10jährigen Versicherungsdauer.

Die gesamte Prämieneinnahme beträgt $l_{40} \cdot P = 6004130$ M. Diese Summe wächst im Laufe des 1. Jahres durch ihre Zinsen in der Höhe von 210145 M. (der Zinsfuß beträgt $3^1/_2\%$) auf 6214275 M. an. Da nach der Sterbetafel im Laufe des 41. Lebensjahres $d_{40} = 975$ Personen unserer Gesamtheit sterben, sind vertragsgemäß am Schlusse des 1. Versicherungsjahres 97500 M. an Sterbfallsummen auszubezahlen, so daß für die in diesem Zeitpunkt noch vorhandenen $l_{41} = 81903$ Personen als Gesamtreserve 6116775 M. übrigbleiben; auf die Person treffen also 74,6832 M. (Einzelreserve: ${}_1V(A_{40\overline{10|}} \cdot S)$; kurz ${}_1V$). Diese Gesamtreserve 6116775 M. wird nun auf das nächste Jahr übertragen, wächst im Laufe desselben durch die Zinsen (214087 M.) auf 6330862 M. an. Am Ende des 2. Jahres sind an Sterbfallsummen 100600 M. auszubezahlen; es bleibt also als Gesamtreserve für die noch vorhandenen $l_{42} = 80897$ Personen die Summe 6230262 M. übrig; auf eine Person treffen also 77,0147 M. (Einzelreserve: ${}_2V$) usw.

Die nachfolgende Übersicht 1 (S. 69) gibt für jedes der 10 Versicherungsjahre die eben geschilderte Entwicklung wieder.

Wie zu erwarten stand, bleiben am Schlusse der ganzen Versicherungsdauer noch 7183100 M. übrig (der geringe Fehlbetrag von 92 M., um den sich die in dieser Weise erhaltene Summe 7183008 M. von jener theoretisch erforder-

Übersicht 1. Verlauf der Versicherung einer Gesamtheit bei einmaliger Prämienzahlung.

V.J.	Alter	Lebende	Stand zu Beginn	Zinsen	zusammen	Sterbfallsummen	Stand am Ende	Einzelreserve
m	$x+m-1$	l_{x+m-1}	$l_x \cdot P$ bzw. $l_{x+m-1} \cdot {}_{m-1}V$	$l_x \cdot P \cdot i$ bzw. $l_{x+m-1} \cdot {}_{m-1}V \cdot i$	$l_x \cdot P \cdot r$ bzw. $l_{x+m-1} \cdot {}_{m-1}V \cdot r$	$d_{x+m-1} \cdot S$	$l_{x+m} \cdot {}_mV$	${}_mV$
1	40	82878	6004130	210145	6214275	97500	6116775	74,6832
2	41	81903	6116775	214087	6330862	100600	6230262	77,0147
3	42	80897	6230262	218059	6448321	103500	6344821	79,4473
4	43	79862	6344821	222069	6566890	106300	6460590	81,9882
5	44	78799	6460590	226121	6686711	109200	6577511	84,6450
6	45	77707	6577511	230213	6807724	111700	6696024	87,4269
7	46	76590	6696024	234361	6930385	114000	6816385	90,3431
8	47	75450	6816385	238574	7054959	116900	6938059	93,4029
9	48	74281	6938059	242832	7180891	120400	7060491	96,6172
10	49	73077	7060491	247117	7307608	124600	7183008	99,9988

lichen Summe unterscheidet, ist eine unvermeidliche Folge von Abrundungen); diese Restsumme reicht gerade aus, den noch vorhandenen $l_{50} = 71831$ Personen unserer Gesamtheit je 100 M. zu bezahlen, da vertragsgemäß nicht nur beim Tod innerhalb der 10 Jahre, sondern auch beim Erleben des 50. Lebensjahres die Versicherungssumme fällig wird. Da für die während der abgelaufenen Versicherungsdauer Verstorbenen bereits am Schlusse des jeweiligen Sterbejahres die vereinbarte Sterbfallsumme ausbezahlt wurde, ist die Prämie P gerade ausreichend berechnet; innerhalb unserer Gesamtheit konnten alle vertragsmäßigen Leistungen erfüllt werden.

Aus der oben dargestellten Entwicklung geht klar hervor, daß die Gesamtreserve am Schlusse irgendeines Versicherungsjahres nichts anderes ist, als der jeweilige Kassenbestand der Versichertengemeinschaft in diesem Zeitpunkt, nachdem die Sterbfallzahlungen dieses Jahres bereits geleistet sind. Die hier gegebene natürliche Entwicklung des ganzen Verlaufs einer Versicherung gibt daher Anlaß zu einer retrospektiven Definition der Gesamt- und Einzelreserve: die bis auf den Tag der Reservelegung aufgezinsten Prämieneinnahmen sind zu vermindern um die ebenfalls bis dahin aufgezinsten Sterbfallausgaben. Diese Differenz ist gleich der Gesamtreserve in diesem Zeitpunkt; verteilt man dieselbe auf die am Reservetag noch vorhandenen Personen, so erhält man die retrospektiv aufgestellte Einzelreserve.

2. Der Fall der jährlichen Prämienzahlung.

Nach Tabelle 17 beträgt die jährliche Prämie

$$p = P_{40\overline{10}|} \cdot S = 8{,}89 \text{ M.}$$

Um ein besseres Schlußergebnis zu erzielen, rechnen wir mit dem genaueren Wert 8,8912 M.

Es mögen nun wieder alle $l_{40} = 82878$ Lebende des Alters 40 diese Versicherung eingehen, also die Prämie p zu Beginn des 1. Jahres bezahlen; das gibt dann eine gesamte Prämieneinnahme von $l_{40} \cdot p = 736885$ M., die sich durch die Zinsen (25791 M.) bis zum Schlusse des 1. Jahres auf die Summe von 762676 M. vermehren. Für die 975 Sterbefälle des Jahres kommen nun von dieser Summe 97500 M. in Abzug, so daß sich als Gesamtreserve am Schlusse des 1. Jahres für die dann noch vorhandenen $l_{41} = 81903$ Personen die Summe von 665176 M. ergibt; auf den einzelnen treffen mithin 8,1215 M. (Einzelreserve: ${}_1V(P_{40\overline{10}|}) \cdot S$; kurz ${}_1V'$). Diese Gesamtreserve von 665176 M. wird nun auf das nächste Jahr übertragen und um die neu eingehenden Prämien $l_{41} \cdot p = 728216$ M. vermehrt, so daß zu Beginn des 2. Jahres 1393392 M. zur Verfügung stehen. Durch die Zinsen (48769 M.) wachsen sie bis zum Schluß des Jahres auf 1442161 M. an; an Sterbfallzahlungen sind 100600 M. zu leisten. Es ergibt sich auf diese Weise für den Schluß des 2. Jahres für die $l_{42} = 80897$ Personen eine Gesamtreserve von 1341561 M.; auf den einzelnen treffen somit 16,5836 M. (Einzelreserve: ${}_2V'$) usw.

Die nachfolgende Übersicht 2 gibt für jedes Versicherungsjahr die eben geschilderte Entwicklung ausführlich wieder. Sie führt wie im Fall 1 zu einer retrospektiven Ermittlung der Reserve für die Gesamtheit und damit auch für den einzelnen Versicherten.

Übersicht 2. Verlauf der Versicherung einer Gesamtheit bei jährlicher Prämienzahlung.

V. J.	Alter	Lebende	Übertrag	Prämienzahlungen	zusammen Stand am Anfange	Zinsen	zusammen	Sterbfallsummen	Stand am Ende	Einzelreserve
m	$x+m-1$	l_{x+m-1}	$l_{x+m-1} \cdot {}_{m-1}V'$	$l_{x+m-1} \cdot P$	$l_{x+m-1} \cdot (P+{}_{m-1}V')$	$l_{x+m-1} \cdot i \cdot (P+{}_{m-1}V')$	$l_{x+m-1} \cdot r \cdot (P+{}_{m-1}V')$	$d_{x+m-1} \cdot S$	$l_{x+m} \cdot {}_mV'$	${}_mV'$
1	40	82878	—	736885	736885	25791	762676	97500	665176	8,1215
2	41	81903	665176	728216	1393392	48769	1442161	100600	1341561	16,5836
3	42	80897	1341561	719271	2060832	72129	2132961	103500	2029461	25,4121
4	43	79862	2029461	710069	2739530	95884	2835414	106300	2729114	34,6339
5	44	78799	2729114	700618	3429732	120041	3549773	109200	3440573	44,2762
6	45	77707	3440573	690908	4131481	144602	4276083	111700	4164383	54,3724
7	46	76590	4164383	680977	4845360	169588	5014948	114000	4900948	64,9562
8	47	75450	4900948	670841	5571789	195013	5766802	116900	5649902	76,0612
9	48	74281	5649902	660447	6310349	220862	6531211	120400	6410811	87,7268
10	49	73077	6410811	649742	7060553	247119	7307672	124600	7183072	99,9996

Aus dieser Übersicht 2 geht deutlich hervor, daß am Schluß der ganzen Versicherungsdauer gerade soviel vorhanden ist, daß an die dann noch Lebenden $l_{50} = 71831$ die vereinbarte Erlebensfallsumme 100 M. ausbezahlt werden kann. (Der minimale Fehlbetrag von 28 M. der im Laufe dieser Entwicklung erhaltenen Summe von 7183072 M. gegenüber der exakten Summe 7183100 M. ist eine unvermeidliche Folge der Abrundungen.) Da die vereinbarten Sterbfallzahlungen jeweils am Schlusse des betreffenden Sterbejahres geleistet wurden, ist für jeden Versicherten die vereinbarte Leistung ausbezahlt; die Jahresprämie p ist also richtig berechnet.

Vergleicht man die einzelnen Reservewerte bei einmaliger und bei jährlicher Prämienzahlung, so sieht man, daß in allen Jahren mit Ausnahme des letzten die ersteren Werte größer sind als die letzteren Werte. Das leuchtet auch ohne weiteres ein; denn im ersteren Fall werden mit der Einmalprämie sozusagen alle Jahresprämien auf einmal vorausbezahlt, während im 2. Fall jedes Jahr zu Beginn desselben von den dann noch Lebenden aufs neue Prämien eingehen. Am größten ist naturgemäß der Unterschied im 1. Jahr; er nimmt im Verlauf der Versicherung immer mehr ab.

Umgekehrt geschieht das Anwachsen der Einzelreserven auf die Endsumme 100 M. im 1. Fall, wo man von dem ansehnlichen Betrag 74,6832 M. (bei 72,4454 M. Einmalprämie) auszugehen hat, sehr viel langsamer als im 2. Fall, wo am Ende des 1. Jahres erst die kleine Summe 8,1215 M. für den einzelnen (bei 8,8912 M. Jahresprämie) angesammelt ist.

Es mag vielleicht manchem Leser auffallen, daß im 2. Fall die Reserve des 1. Jahres (665176 M.) bedeutend kleiner ist als die zu Beginn des Jahres eingenommene Prämiensumme (736855 M.), die sich zudem noch im Laufe des Jahres um die Zinsen [25791 M. auf 762676 M.] erhöht. Die Sterbfallzahlungen [97500 M.; dieselben wie im 1. Fall!] erfordern hier im 2. Fall bedeutend mehr als die Jahreszinsen betragen; während im 1. Fall die Zinsen durchweg ausreichen, die Sterbfallzahlungen zu bestreiten, ist dies bei jährlicher Prämienzahlung erst vom 5. Versicherungsjahr an der Fall. Wollte im 2. Fall z. B. jemand am Ende des 1. Jahres aus der Versichertengemeinschaft austreten, so könnte man keineswegs die einbezahlte, geschweige denn die aufgezinste Prämie zurückerstatten; hat doch die Gemeinschaft auch schon während des 1. Jahres für ihn das Todesfallrisiko getragen, das für die Gesamtheit auf 97500 M. zu veranschlagen ist. Bei einmaliger Prämienzahlung kann man dagegen bei einem Rücktritt schon im 1. Jahr sehrwohl die Prämie selbst zurückerstatten, ohne die Gesamtheit zu schädigen. Wir werden auf diese Fragen noch später im Zusammenhang zurückkommen (§ 6 b; S. 102), wollen aber das Ergebnis dieser Überlegungen bereits hier angeben: in beiden Fällen kann man bei einem Rücktritt die jeweilige Einzelreserve und nur diese zurückerstatten; vorausgesetzt ist natürlich, daß — wie in allen bisherigen Entwicklungen — alle Rechnungen netto angestellt sind, d. h. ohne weitere Kosten der Versicherung zu berücksichtigen.

Da dem Versicherten die Höhe der Reserve in der Regel nicht bekannt ist, so hat dieser für sich als Maßstab für einen solchen Rückkaufswert nur die Summe der von ihm bis dahin einbezahlten Prämien (bzw. wenn er ganz genau rechnet: die Summe der aufgezinsten Prämien) zur Verfügung. Wir geben daher in der folgenden Zusammenstellung für beide Fälle zum Vergleich mit den Einzelreserven diese aufgezinste Prämie bzw. Prämiensumme, bestimmen deren Unterschied gegenüber den Reservewerten, für spätere Zwecke auch den Unterschied der beiden Reserven (bei Einmal- und bei Jahresprämie) und setzen als Maßstab dieses Unterschiedes der beiden Reserven den Wert der temporären Leibrente 1, welche vom Tage der Reserve bis zum Ende der Versicherung dauert, daneben.

Zusammenstellung 1.

Gemischte Versicherung: $x = 40$ $n = 10$ $S = 100$ M.
Einmalprämie: 72,45 M. Jahresprämie: 8,89 M.

V.-J.	Fall 1: Einmalprämie			Fall 2: Jahresprämien			Unterschied der Reserven	Wert der Leibrente
	Aufg. Prämie	Reserve	Unterschied	Aufg. Pr. Summe	Reserve	Unterschied		
1	74,98	74,68	0,30	9,20	8,12	1,08	66,56	7,486
2	77,61	77,01	0,60	18,73	16,58	2,15	60,43	6,797
3	80,32	79,45	0,87	28,58	25,41	3,17	54,04	6,077
4	83,13	81,99	1,14	38,79	34,63	4,16	47,36	5,326
5	86,04	84,65	1,39	49,35	44,28	5,07	40,37	4,540
6	89,06	87,43	1,63	60,28	54,37	5,91	33,06	3,718
7	92,17	90,34	1,83	71,59	64,96	6,63	25,38	2,855
8	95,40	93,40	2,00	83,30	76,06	7,24	17,34	1,951
9	98,74	96,62	2,12	95,42	87,73	7,69	8,89	1,000
10	102,19	100,00	2,19	107,96	100,00	7,96	—	—

Aus dieser Zusammenstellung sehen wir zunächst, daß die Reserve in beiden Fällen während der ganzen Versicherungsdauer kleiner ist als die aufgezinste Prämie bzw. die Summe der aufgezinsten Prämien. Das ist ganz in der Ordnung; müssen doch auch für die in den einzelnen Jahren eintretenden Sterbefälle die vereinbarten Sterbfallsummen geleistet werden. Dadurch vermindern sich jedes Jahr die aus den Prämien angesammelten und verzinslich angelegten Summen auf den Betrag der jeweiligen Gesamt-Reserve. Bei der einmaligen

Prämie ist der Unterschied zwischen der aufgezinsten Prämie und der Reserve relativ zu letzterer sehr klein; bei der jährlichen Prämienzahlung ist der Unterschied zwischen der Summe der bis zum Reservetag aufgezinsten Prämien und der Reserve relativ zu letzterer erheblich größer; seine absolute Größe wächst in beiden Fällen etwa auf das Siebenfache des Anfangswertes bei $m = 1$. Aus allen diesen Betrachtungen geht klar hervor, daß der einzelne Versicherte als Glied der Gesamtheit auch seine Berechnungen als Glied dieser Gesamtheit und nicht für seine Person allein anzustellen hat; nur dann ist er imstande, den Wert des Risikos, das die Gesamtheit für ihn trägt, bzw. bei einem Rücktritt für ihn getragen hat, richtig einzuschätzen. Zieht man dieses Risiko an seinen Leistungen ab, so bleibt genau der Reservewert über, sozusagen sein Anteil an dem Vermögen der Versichertengemeinschaft.

Betrachten wir schließlich noch den schon oben erwähnten Unterschied der beiden Reservewerte bei einmaliger und jährlicher Prämienzahlung etwas näher, so sehen wir, daß derselbe im gleichen Verhältnis abnimmt wie der in der letzten Zeile hinzugefügte Wert $\mathbf{a}_{x+m\,\overline{n-m}|}$ der zugehörigen temporären Leibrente, die dem Alter $x + m$ des Versicherten am Reservetag und der ferneren Dauer $n - m$ der Versicherung entspricht; Proportionalitätsfaktor ist, wie man bei $m = 9$ deutlich sehen kann, die Jahresprämie p. Der Unterschied der beiden Gesamt-Reserven ist also identisch mit dem gegenwärtigen Wert aller im 2. Fall noch ausstehenden Prämien, also gleich dem Wert $l_{x+m} \cdot \mathbf{a}_{x+m,\,\overline{n-m}|} \cdot p$ einer Leibrente in Höhe der jährlichen Prämie p für alle am Reservetag noch lebenden l_{x+m} Mitglieder der Versichertengesamtheit auf die fernere Dauer $n - m$ der Versicherung. Das Wesen des Leibrentenwertes $\mathbf{a}_{x+m\,\overline{n-m}|}$ besteht bekanntlich darin, daß in ihm sowohl die beständige Abnahme der zahlenden Teilnehmer als auch die Diskontierung der noch ausstehenden Prämienzahlungen berücksichtigt ist.

Wir haben damit eine 2. Methode, die Reserve aufzustellen, entwickelt; man nennt sie mit Recht die „prospektive" Methode, da sie überlegt, welche Leistungen und Gegenleistungen von dem Reservetag an noch auszuführen sind, während die retrospektive Methode rückschauend zeigt, welche Leistungen und Gegenleistungen bisher ausgeführt wurden. Entsprechendes gilt selbstverständlich auch für die Reserve des einzelnen Mitgliedes (Einzelreserve als Durchschnittswert!), wie auch aus der obigen Zusammenstellung hervorgeht, die sich im Gegensatz zu den beiden vorhergehenden Übersichten gerade auf den einzelnen Versicherten bezieht.

§ 2. Die beiden Hauptsätze der Reservenberechnung.

Die im vorhergehenden Paragraphen entwickelten Grundsätze zur Berechnung der Reserve führten auf die beiden Methoden der prospektiven und retrospektiven Betrachtung der Versicherungsvorgänge. Diese beiden Methoden hatten wir bereits bei der Zeitrente im I. Kapitel § 5 „Verbindung von Einzahlungen und Auszahlungen" kennengelernt und gesehen, daß bei beiden Methoden das Äquivalenzprinzip von Leistung und Gegenleistung restlos erfüllt ist. Die Bedeutung dieses Prinzips für die Lebensversicherung zeigt sich ganz besonders bei der Reservenberechnung. Wir wenden im folgenden (§ 4, § 5) hauptsächlich die prospektive Methode an; aus ihr folgen auch die beiden Hauptsätze der Reservenberechnung.

1. Der Fall der Einmalprämie.

Berechnet man die Einmalprämie, die ein dem Versicherten gleichaltriger, am Reservetag neu Eintretender für eine äquivalente gemischte Versicherung $(x + m, n - m, S)$ entrichten müßte, so erhält man genau den Wert der entsprechenden Reserve. Denn diese Summe $A_{x+m\,\overline{n-m|}} \cdot S$ setzt die Gesellschaft in den Stand, die Verpflichtungen aus dem ursprünglichen Vertrag auch weiterhin zu erfüllen.

Nennt man diese einmalige Prämie $A_{x+m\,\overline{n-m|}} \cdot S$ den **Wert**, den die Versicherung für den Versicherten am Reservetag hat, so gilt der folgende

1. Hauptsatz:

„Bei einmaliger Prämie ist die Reserve gleich dem Wert der Versicherung in dem Zeitpunkt der Reservelegung."

Um diese Summe könnte auch eine andere Versicherungsgesellschaft, die unter denselben Bedingungen arbeitet, vom Reservetag an die sämtlichen Verpflichtungen der früheren Gesellschaft übernehmen;

um dieselbe Summe kann ein mit dem Versicherten gleichaltriger Dritter in dessen Rechte aus dem Versicherungsvertrag eintreten.

2. Der Fall der Jahresprämie.

Wie wir aus dem vorigen Paragraphen, insbesondere aus der Zusammenstellung wissen, ist die Summe, um welche die Reserve bei jährlicher Zahlung der Prämien hinter der Reserve bei einmaliger Zahlung zurückbleibt, genau gleich dem (Leibrenten-)Wert der noch nicht bezahlten Prämien, die vertragsgemäß bis zum Tode oder bis zum Ende der Versicherung zu entrichten sind; es gilt also hier der folgende

2. Hauptsatz:

„Bei jährlicher Zahlung der Prämien ist die Reserve gleich dem Unterschied aus dem Wert der Versicherung am Reservetag und dem Wert der vertragsgemäß noch ausstehenden Prämien."

§ 3. Die Zerlegung der jährlichen Prämie in ihre beiden Bestandteile.

a) 1. Beispiel.

Vorbemerkung: Die Prämien einer Versicherungsgemeinschaft sind in erster Linie dazu da, die jeweils fälligen Sterbfall- bzw. Erlebensfallsummen in dem entsprechenden Zeitpunkt zu bestreiten.

Fall 1: Wird nur eine einzige Prämie vereinbart, so muß die Prämieneinnahme des 1. Jahres für sämtliche Verpflichtungen aus dem Vertrag ausreichen. Selbstverständlich sind die jeweils übrigbleibenden Summen weiterhin verzinslich anzulegen. Wie wir aus der Übersicht 1 entnehmen können, bildet sich bei richtiger Bemessung dieser Prämie von selbst von Jahr zu Jahr die notwendige Reserve. Zu einer weiteren Klärung der Verhältnisse eine Zerlegung der Prämie etwa dahin vorzunehmen, welcher Teil in den einzelnen Jahren für das Risiko und welcher für die Reserve Verwendung findet, ist in dem Fall 1 nicht notwendig.

Fall 2: Wenn aber — wie es in der Regel geschieht — die Prämie jährlich und in gleicher Höhe gezahlt wird, so werden im allgemeinen bei längerdauernden Versicherungen, insbesondere bei den lebenslänglichen Todesfallversicherungen, die Prämieneinnahmen des Jahres allein nur eine gewisse Zahl von Jahren für die Sterbfallzahlungen dieses Jahres ausreichen; denn die Zahl derjenigen, welche zahlen, nimmt ab, und die Zahl derjenigen, welche empfangen, nimmt beständig zu. Es besteht daher in diesem 2. Fall für die Gesellschaft ganz besonders die Notwendigkeit, die in den ersten Jahren nicht für Sterbfallzahlungen verbrauchten Teile der jährlichen Prämien pfleglich zu behandeln, d. h. aus ihnen die notwendige Reserve anzusammeln, um für spätere Zeiten gerüstet zu sein, in welchen die eingehenden Prämien für die anfallenden Sterbfallzahlungen bzw. für die am Ende der Versicherung fälligen Erlebensfallzahlungen nicht mehr ausreichen. In unserem Beispiel reichen zwar infolge der gewählten kurzen Versicherungsdauer die Prämien jedes Jahres für die Sterbfallzahlungen des betreffenden Jahres völlig aus; alle nicht verbrauchten Prämienteile sind in unserem Fall jedoch für die

Erlebensfallzahlungen am Schlusse der Versicherung, die bei unserem Beispiel den Hauptteil der Verpflichtungen ausmachen, verzinslich anzulegen. Es ist sehr aufschlußreich, diese Zerlegung der Jahresprämie in den Risikoteil und den Reserveteil in unserem Beispiel für jedes Versicherungsjahr wirklich vorzunehmen; auf den Fall langfristiger Verträge kommen wir unten noch in einem besonderen Beispiel zurück. Eine zweite Art der Zerlegung wird am Schlusse dieses Paragraphen gegeben.

Als Risikoteil $\mathfrak{R}_m$ der zu Beginn des m-ten Jahres fälligen Prämie definieren wir diejenige Prämie, welche die Lebenden zu Beginn des betreffenden Jahres zahlen müßten, damit daraus alle am Schluß dieses Jahres fälligen Versicherungsleistungen gedeckt werden können. Da diese Leistungen im allgemeinen Sterbfallzahlungen sind — nur im letzten Jahre kommen bei der gemischten Versicherung Erlebensfallzahlungen hinzu, — ist der Risikoteil — mit dieser Ausnahme — identisch mit der sogenannten „natürlichen" Prämie, d. h. der Prämie $S \cdot {}_{|1}A_{x+m-1}$ einer kurzen Todesfallversicherung auf die Dauer eines Jahres. Es könnte jemand auf den Gedanken kommen, sich auf diese Weise von Jahr zu Jahr zu versichern; im letzten Jahre müßte er — wie schon gesagt — außerdem noch eine Erlebensfallversicherung auf den Schluß des Jahres abschließen, um denselben Effekt zu erzielen als mit der zu gleichbleibender Prämie abgeschlossenen gemischten Versicherung.

Von dieser Erlebensfallergänzung abgesehen, erhalten wir die folgende Zerlegung der gleichbleibenden Jahresprämie in den Risikoteil $\mathfrak{R}_m$ und den Restteil $\mathfrak{S}_m$, den wir den Reserveteil nennen wollen, weil aus ihm, wenn er verzinslich angelegt wird, genau die Reserve entsteht, wie die unten folgende Übersicht 3 deutlich zeigt.

Wie wir sehen, nimmt der Risikoteil mit der Versicherungsdauer m zu; es wächst eben mit dem Alter das Sterbfallrisiko.

1. Zerlegung der Jahresprämie in den Risiko- und Reserveteil.

Vers.-Jahr: m	1	2	3	4	5	6	7	8	9	10
Alter: $x+m-1$	40	41	42	43	44	45	46	47	48	49
Risikoteil: $\mathfrak{R}_m$	1,1362	1,1865	1,2357	1,2860	1,3391	1,3884	1,4377	1,4966	1,5662	1,6473
Reserveteil: $\mathfrak{S}_m$	7,7550	7,7047	7,6555	7,6052	7,5521	7,5028	7,4535	7,3946	7,3250	7,2439
Jahresprämie: p	8,8912	8,8912	8,8912	8,8912	8,8912	8,8912	8,8912	8,8912	8,8912	8,8912

Definitionsgemäß ist

$$\mathfrak{R}_m = {}_{|1}A_{x+m-1} \cdot S = \frac{C_{x+m-1}}{D_{x+m-1}} \cdot S = q_{x+m-1} \cdot v \cdot S$$

der Risikoteil, also proportional der Sterbenswahrscheinlichkeit q_{x+m-1} des zu Beginn des m-ten Versicherungsjahres erreichten Alters $x+m-1$; der Reserveteil $\mathfrak{S}_m$ nimmt als Ergänzung des Risikoteils auf die Jahresprämie in gleichem Maße ab wie dieser zunimmt. Aus diesen Reserveteilen $\mathfrak{S}_m$ wird nun die Reserve allmählich angesammelt (Sparkapital), während aus den Risikoteilen die Versicherungsfälle infolge Tod erledigt werden (Schadensfälle).

Übersicht 3. Entstehung der Reserve einer gemischten Versicherung bei jährlicher Prämienzahlung aus den Reserveteilen dieser Prämien.

V. J. m	Alter $x+m-1$	Lebende l_{x+m-1}	Einzel-Reserve am Anfang ${}_{m-1}V'$	Reserveteil $\mathfrak{S}_m$	Summe aus beiden ${}_{m-1}V' + \mathfrak{S}_m$	Gesamtsumme $l_{x+m-1} \cdot ({}_{m-1}V' + \mathfrak{S}_m)$	Zinsen $l_{x+m-1} \cdot i \cdot ({}_{m-1}V' + \mathfrak{S}_m)$	Gesamtreserve $l_{x+m-1} \cdot r \cdot ({}_{m-1}V' + \mathfrak{S}_m) = l_{x+m} \cdot {}_mV'$	Einzelreserve am Schluß ${}_mV'$
1	40	82878	—	7,7550	7,7550	642719	22495	665214	8,1218
2	41	81903	8,1218	7,7047	15,8265	1296238	45368	1341606	16,5841
3	42	80897	16,5841	7,6555	24,2396	1960911	68632	2029543	25,4131
4	43	79862	25,4131	7,6052	33,0183	2636907	92292	2729199	34,6349
5	44	78799	34,6349	7,5521	42,1870	3324293	116350	3440643	44,2771
6	45	77707	44,2771	7,5028	51,7799	4023661	140828	4164489	54,3738
7	46	76590	54,3738	7,4535	61,8273	4735353	165737	4901090	64.9581
8	47	75450	64,9581	7,3946	72,3527	5459011	191065	5650076	76,0635
9	48	74281	76,0635	7,3250	83,3885	6194181	216796	6410977	87,7291
10	49	73077	87,7291	7,2439	94,9730	6940342	242912	7183254	100,0021

Da zu Beginn des 1. Jahres noch keine Reserve vorhanden ist, gibt die Summe $l_x \cdot r \cdot \mathfrak{S}_1$ selbst die Gesamtreserve $l_{x+1} \cdot {}_1V'$ am Ende des 1. Jahres, welche auf das nächste Jahr übertragen wird. Hinzu kommt noch für jeden der l_{x+1} der Reserveteil $\mathfrak{S}_2$ des 2. Jahres; es steht also die Gesamtsumme $l_{x+1} \cdot ({}_1V' + \mathfrak{S}_2)$ zur Bildung der Reserve zur Verfügung, welche mit den Zinsen $l_{x+1} \cdot ({}_1V' + \mathfrak{S}_2)i$ am Schlusse des 2. Jahres insgesamt auf $l_{x+1} \cdot ({}_1V' + \mathfrak{S}_2) \cdot r$ angewachsen ist; diese Summe ist dann identisch mit der Gesamtreserve $l_{x+2} \cdot {}_2V'$ des 2. Jahres. Führt man diese Entwicklung, wie sie numerisch in der Übersicht 3 wiedergegeben ist, für die ganze Versicherungsdauer durch, so erhält man für Gesamt- und Einzelreserve der einzelnen Jahre bis auf geringfügige Abweichungen dieselben Werte wie in Übersicht 2. Wir können daraus entnehmen, daß die Reserven ausschließlich aus den Reserveteilen $\mathfrak{S}_m$ angesammelt werden.

b) 2. Beispiel.

Als 2. Beispiel wählen wir — wie oben schon angekündigt — die lebenslängliche Todesfallversicherung (lebenslänglich im Sinne unserer Sterbetafel, d. h. Beendigung der Versicherung durch den Tod oder durch das Erleben des 90. Lebensjahres). Wir geben in der nachfolgenden Zusammenstellung in Abständen von 5 zu 5 Jahren im Falle: $x = 50$ $S = 100$ M. zunächst die Werte der Einzelreserve bei einmaliger und jährlicher Prämie, dann deren Differenz, d. h. den Wert der noch ausstehenden Prämien, weiterhin zum Vergleich mit den Reservewerten die auf den Reservetag aufgezinste Einmalprämie bzw. die Summe der bis dahin aufgezinsten Jahresprämien und schließlich noch die Zerlegung der zu Beginn des m-ten V.-J. einbezahlten Jahresprämie in ihre beiden Bestandteile: Risikoteil und Reserveteil.

Der Unterschied der beiden Reservewerte ist in den ersten Versicherungsjahren ganz beträchtlich, da die meisten Prä-

Zusammenstellung 2. Lebenslängliche, sofort beginnende Todesfallversicherung.

$x = 50$ $S = 100$ M. Einmalprämie: 54,29 M. Jahresprämie: 4,02 M.

voll. Vers. Jhr.	Alter	Reserve bei Einmalprämie	Reserve bei Jahresprämie	Unterschied der beiden Reserven	aufgezinste Einmalprämie	Summe der aufgez. Jahresprämien	Risikoteil der Jahresprämie	Reserveteil der Jahresprämie	Gesamthöhe der Jahresprämie
m	$x+m$	${}_mV\cdot S$	${}_mV'\cdot S$	${}_mV\cdot S - {}_mV'\cdot S$	$P\cdot r^m$	$p\cdot s_{\overline{m}\vert}$	$\mathfrak{R}_m$	$\mathfrak{S}_m$	p
5	55	59,79	12,05	47,74	64,48	22,31	2,27	1,75	4,02
10	60	65,35	24,21	41,14	76,58	48,81	3,18	0,84	4,02
15	65	70,85	36,22	34,63	90,95	80,28	4,46	— 0,44	4,02
20	70	76,15	47,82	28,33	108,03	117,66	6,50	— 2,48	4,02
25	75	80,97	58,38	22,59	128,30	162,06	9,52	— 5,50	4,02
30	80	85,42	68,11	17,31	152,38	214,79	13,74	— 9,72	4,02
35	85	89,74	77,56	12,18	180,98	277,41	20,40	—16,38	4,02
40	90	100,00	100,00	—	214,95	351,79	96,62	—92,60	4,02

mien noch ausstehen; er nimmt naturgemäß mit wachsender Versicherungsdauer beständig ab, um am Ende der Versicherung schließlich ganz zu verschwinden. Noch stärker aber wird in den späteren Versicherungsjahren der Unterschied der Reserve gegenüber der aufgezinsten Prämie bzw. Prämiensumme.

Hauptsächlich interessiert uns aber die Zerlegung der Jahresprämie in ihre beiden Bestandteile: Risiko- und Reserveteil. Der Risikoteil $\mathfrak{R}_m$ ist identisch mit der „natürlichen" Prämie ${}_{|1}A_{x+m-1}\cdot S$; der Reserveteil $\mathfrak{S}_m$ ist die Ergänzung des Risikoteils auf die Jahresprämie p. Wir sehen aus der Zusammenstellung, daß von einem ganz bestimmten Zeitpunkt an — in unserem Beispiel liegt er im 14. Versicherungsjahr — die Jahresprämie nicht mehr ausreichend ist, das Sterbfallrisiko des betreffenden Jahres zu bestreiten. Der Reserveteil wird von diesem Zeitpunkt an negativ und nur dadurch, daß in den ersten Jahren, in denen noch viele zahlende Mitglieder vorhanden und wenig Sterbfallsummen auszuzahlen sind, die nicht für Sterbfallzahlungen verbrauchten

Teile der Prämie (eben die Reserveteile) immer wieder verzinslich angelegt werden, ist es möglich, auch in den späteren Jahren allen Verpflichtungen restlos nachzukommen, d. h. nicht nur am Schlusse jeden Jahres die fälligen Sterbfallsummen auszuzahlen, sondern auch für die dann noch lebenden Mitglieder die notwendige Reserve jederzeit bereitzustellen.

c) Eine andere Art der Zerlegung der Jahresprämie.

Im Anschluß an die Abhandlung von Bortkiewicz (Ehrenzweig, Assecuranzjahrbuch 24) findet man in der Literatur eine von der hier gegebenen etwas abweichende Zerlegung der Jahresprämie in die Risiko- und Sparprämie, auf die hier näher eingegangen wird, weil sie allgemein von dort übernommen wurde. Der Unterschied liegt — wie im folgenden kurz gezeigt werden soll — lediglich in der Verrechnung eines gewissen Teils der Gesamtreserve. Diese 2. Art der Zerlegung entspringt der Idee, für alle am Anfang — sagen wir — des m-ten Versicherungsjahres lebenden Personen (l_{x+m-1}) die Reserve am Schluß des Jahres (${}_mV'$) in Aussicht zu nehmen; die Folge davon ist dann, daß infolge der im Laufe des Jahres eingetretenen Sterbefälle (d_{x+m-1}) der entsprechende Teil ($d_{x+m-1} \cdot {}_mV'$) der Gesamtreserve frei wird und für die Sterbfallzahlungen ($d_{x+m-1} \cdot S$) am Schlusse des Jahres mitverwendet werden kann. Es ist daher für jeden dieser Sterbefälle, abgesehen von der dafür nun verfügbaren Reserve ${}_mV'$, nur noch das reduzierte Kapital $S - {}_mV'$ („Kapital unter Risiko") aufzuwenden. Der Unterschied zwischen den beiden Zerlegungen liegt demnach in der Verrechnung des Postens $d_{x+m-1} \cdot {}_mV'$ der Gesamtreserve. Bei unserer früheren Zerlegung haben wir — wie üblich — vorausgesetzt, daß nur für die wirklich das Jahresende erlebenden Personen (l_{x+m}) in diesem Zeitpunkt die Reserve zu legen ist, und zwar erst, wenn die Sterbfallzahlungen bereits geleistet sind. Diese Auffassung der Dinge entspricht wohl eher dem Vorgehen in der Praxis als die der 2. Zerlegungsart zugrunde liegende Idee, welche hauptsächlich aus risikotheoretischen Erwägungen stammt, worauf wir hier nicht näher eingehen können.

Wir wollen aber zur völligen Klarstellung des prinzipiellen Unterschieds an Hand unseres 1. Beispiels für den Fall der jährlichen Prämienzahlung die beiden Zerlegungen in den beiden ersten Versicherungsjahren in Formel und Zahl einander gegenüberstellen.

1. Versicherungsjahr.

1. Zerlegung der Gesamtprämie zu Beginn des Jahres:

$l_x \cdot p = v \cdot d_x \cdot S + v \cdot l_{x+1} \cdot {}_1V'$ 736885 = 94203 + 642682 (ZI)

$l_x \cdot p = v \cdot l_x \cdot {}_1V' + v \cdot d_x \cdot (S - {}_1V')$ 736885 = 650333 + 86552 (ZII)

2. Zerlegung der Gesamtprämie am Ende des Jahres:

$l_x \cdot p \cdot r = d_x \cdot S + l_{x+1} \cdot {}_1V' \ldots$ 762676 = 97500 + 665176 (ZI)

$l_x \cdot p \cdot r = l_x \cdot {}_1V' + d_x(S - {}_1V')$ 762676 = 673095 + 89581 (ZII)

3. Zerlegung der Jahresprämie:

$$p = \frac{C_x}{D_x} \cdot S + \frac{D_{x+1}}{D_x} \cdot {}_1V' \ldots\ldots 8{,}8912 = 1{,}1362 + 7{,}7550 \quad \text{(ZI)}$$

$$= \mathfrak{R}_1 + \mathfrak{S}_1$$

$$p = v \cdot {}_1V' + \frac{C_x}{D_x} \cdot (S - {}_1V') \ldots 8{,}8912 = 7{,}8469 + 1{,}0443 \quad \text{(ZII)}$$

$$= \mathfrak{S}_1' + \mathfrak{R}_1'$$

2. Versicherungsjahr.

1. Zerlegung der Gesamtprämie zu Beginn des Jahres:

$l_{x+1} \cdot p = v \cdot d_{x+1} \cdot S + v \cdot l_{x+2} \cdot {}_2V' - l_{x+1} \cdot {}_1V'$

728216 = 97197 + 631019 (ZI)

$l_{x+1} \cdot p = l_{x+1} \cdot (v \cdot {}_2V' - {}_1V') + d_{x+1} \cdot v(S - {}_2V')$

728216 = 647139 + 81077 (ZII)

2. Zerlegung der Gesamtprämie am Ende des Jahres:

$l_{x+1} \cdot p \cdot r = d_{x+1} \cdot S + l_{x+2} \cdot {}_2V' - l_{x+1} \cdot {}_1V' \cdot r$.

753705 = 100600 + 653105 (ZI)

$l_{x+1} \cdot p \cdot r = l_{x+1} \cdot ({}_2V' - {}_1V' \cdot r) + d_{x+1} \cdot (S - {}_2V')$

753705 = 669791 + 83915 (ZII)

3. Zerlegung der Jahresprämie:

$$p = \frac{C_{x+1}}{D_{x+1}} \cdot S + \frac{D_{x+2}}{D_{x+1}} \cdot {}_2V' - {}_1V' \quad 8{,}8912 = 1{,}1867 + 7{,}7045 \quad \text{(ZI)}$$

$$= \mathfrak{R}_2 + \mathfrak{S}_2$$

$$p = v \cdot {}_2V' - {}_1V' + \frac{C_{x+1}}{D_{x+1}} \cdot (S - {}_2V') \quad 8{,}8912 = 7{,}9013 + 0{,}9899 \quad \text{(ZII)}$$

$$= \mathfrak{S}_2' + \mathfrak{R}_2'$$

Der Unterschied der beiden Zerlegungen der Gesamtprämie in ihre

2. Zerlegung der Jahresprämie in die Sparprämie und die Risikoprämie.

1	2	3	$4=3\cdot v$	5	$6=4-5$	7	8	$9=7\cdot 8$	$10=6$	$11=9+10$
Vers. Jahr	Alter zu Beginn	E. Reserve am Ende des Jahres	diskontierter Wert derselben	Reserve am Anfang des Jahres	Differenz derselben Sparprämie	Kapital unter Risiko	natürliche Prämie	Risikoprämie	Sparprämie	Jahresprämie
m	$x+m-1$	${}_mV'$	${}_mV'\cdot v$	${}_{m-1}V'$	$\mathfrak{S}'_m = v\cdot {}_mV' - {}_{m-1}V'$	$S-{}_mV'$	$\frac{C_{x+m-1}}{D_{x+m-1}}$	$\mathfrak{R}'_m = \frac{C_{x+m-1}}{D_{x+m-1}}\cdot(S-{}_mV')$	$\mathfrak{S}'_m$	$p=\mathfrak{R}'_m+\mathfrak{S}'_m$
1	40	8,122	7,847	—	7,847	91,878	0,011362	1,044	7,847	8,891
2	41	16,584	16,023	8,122	7,901	83,416	0,011865	0,990	7,901	8,891
3	42	25,412	24,553	16,584	7,969	74,588	0,012357	0,922	7,969	8,891
4	43	34,634	33,463	25,412	8,051	65,366	0,012860	0,840	8,051	8,891
5	44	44,276	42,779	34,634	8,145	55,724	0,013391	0,746	8,145	8,891
6	45	54,372	52,534	44,276	8,258	45,628	0,013884	0,633	8,258	8,891
7	46	64,956	62,759	54,372	8,387	35,044	0,014377	0,504	8,387	8,891
8	47	76,061	73,489	64,956	8,533	23,939	0,014966	0,358	8,533	8,891
9	48	87,727	84,760	76,061	8,699	12,273	0,015662	0,192	8,699	8,891
10	49	100,000	96,618	87,727	8,891	—	0,016473	—	8,891	8,891

beiden Komponenten liegt in den folgenden Posten:
1. Jahr: Beginn: $v \cdot d_x \cdot {}_1V' = 7651$ Ende: $d_x \cdot {}_1V' = 7919$
2. Jahr: Beginn: $v \cdot d_{x+1} \cdot {}_2V' = 16120$ Ende: $d_{x+1} \cdot {}_2V' = 16685$;
für die Jahresprämie erhalten wir als Unterschiede der beiden Komponenten: im 1. Jahr: $\frac{C_x}{D_x}{}_1V' = 0{,}0919$; im 2. Jahr: $\frac{C_{x+1}}{D_{x+1}}{}_2V' = 0{,}1968$.

Ähnlich ist auch in den übrigen Jahren zu verfahren: die beiden Zerlegungen der Jahresprämie für das m-te Versicherungsjahr lauten dann in Formeln:

$$p = \frac{C_{x+m-1}}{D_{x+m-1}} \cdot S + \frac{D_{x+m}}{D_{x+m-1}} \cdot {}_mV' - {}_{m-1}V' = \mathfrak{R}_m + \mathfrak{S}_m \qquad \text{(ZI)}$$

$$p = \cdot v\, {}_mV' - {}_{m-1}V' + \frac{C_{x+m-1}}{D_{x+m-1}} \cdot (S - {}_mV') = \mathfrak{S}'_m + \mathfrak{R}'_m \qquad \text{(ZII)}$$

Unterschied der Komponenten: $\mathfrak{R}_m - \mathfrak{R}'_m = \mathfrak{S}'_m - \mathfrak{S}_m = \frac{C_{x+m-1}}{D_{x+m-1}}\, {}_mV'$.

Nach der zweiten Formel erhält man für die einzelnen Jahre die Zerlegung (ZII) auf S. 84, welche man mit der Übersicht 3 und der auf Seite 79 gegebenen Zerlegung (ZI) vergleichen möge.

Der Aufbau der Reserve aus den Sparprämien $\mathfrak{S}'_m$ vollzieht sich wohlbemerkt **hier** nicht in der Gesamtheit, sondern nur im Einzelfall; es ist für **jeden** der am **Anfang** des Jahres lebenden l_{x+m-1} Versicherten: $({}_{m-1}V' + \mathfrak{S}'_m) \cdot r = {}_mV'$.

Lösen wir beide Zerlegungsformeln ZI und ZII für das Versicherungsjahr m nach ${}_mV' \cdot D_{x+m}$ auf, so kommen wir beide Male zu derselben Rekursionsformel:

$$({}_{m-1}V' + p) \cdot D_{x+m-1} - S \cdot C_{x+m-1} = D_{x+m} \cdot {}_mV' = (v \cdot D_{x+m-1} - C_{x+m-1}) \cdot {}_mV'$$

{wegen der identischen Beziehung: $C_{x+m-1} = v \cdot D_{x+m-1} - D_{x+m}$ [Kap. II § 6a, S. 63].}

Wir erhalten damit die wohlbekannte retrospektive Definition der Gesamtreserve: „Gesamtreserve am Ende des m-ten Versicherungsjahres ist diejenige Summe, welche von der um die Prämieneinnahmen und die Zinsen vermehrten Gesamtreserve des $m-1$-ten Versicherungsjahres nach Abzug der Sterbfallzahlungen übrigbleibt." Teilt man diese Rekursionsformel durch D_{x+m-1}, d. h. betrachtet man die einzelne Versicherung zu Beginn des m-ten Versicherungsjahres, so erhält man:

$$({}_{m-1}V' + p) \cdot r = q_{x+m-1} \cdot S + p_{x+m-1} \cdot {}_mV',$$

d. h. die Einzelreserve zu Beginn des Jahres, vermehrt um die Jahresprämie, reicht mit den anfallenden Jahreszinsen durchschnittlich gerade aus, am Schlusse des Jahres im Falle des Todes die Versicherungssumme S auszubezahlen und im Falle des Erlebens des Jahresendes die erforderliche Einzelreserve ${}_mV'$ zu legen. Man kann allerdings die rechte Seite der letzten Gleichung noch in: $q_{x+m-1}(S - {}_mV') + {}_mV'$ umformen, d. h. Reserve und Jahresprämie zusammen mit den Zinsen reichen durchschnittlich aus, für alle Fälle die Reserve ${}_mV'$ zu legen und im Falle des Todes die Summe $S - {}_mV'$ aufzuwenden. Wenn diese 2. Auslegung der obigen Rekursionsformel vom wahrscheinlichkeitstheoretischen Standpunkt aus auch möglich ist, so erscheint dennoch die Zerlegung ZI, wie sie zuerst gegeben wurde, als die natürlichere und auch als die der Praxis näherliegende.

d) Anmerkung über das Umlageverfahren.

Es möge anläßlich dieser beiden möglichen Zerlegungen der Jahresprämie in Risiko- und Reserveprämie eindringlich davor gewarnt werden, Lebensversicherung auf dem Umlageweg, d. h. auf dem Wege der „natürlichen Prämienzahlung“ zu betreiben. Wenn man vielleicht auch zu Beginn reichliche Rücklagen angelegt zu haben glaubt, mit der Zeit wird es sich stets herausstellen, daß dieselben dennoch nicht ausreichen, um allen übernommenen Verpflichtungen nachkommen zu können. Den Schaden haben in der Regel diejenigen Mitglieder zu tragen, die am längsten dem Unternehmen treu geblieben sind; denn sie haben wohl einerseits mit wachsendem Alter immer höhere Prämien zu entrichten, sind aber doch andererseits nicht sicher, daß bei ihrem Tod die vereinbarte Sterbfallsumme noch ausbezahlt werden kann, da solche Unternehmungen über kurz oder lang in Konkurs geraten; denn bei jeder Prämienerhöhung nimmt die Zahl der Mitglieder (besonders der jüngeren, welche solche Vereine hauptsächlich stützen müßten) durch Austritte beständig ab. Auch bei gesichertem Neuzugang (Zwangsbeitritt der betreffenden Berufsgruppen) sollte vom Umlagenweg tunlichst abgesehen werden, da dadurch die Verpflichtungen auf die kommende Generation abgewälzt, die Vorteile dagegen von den Gründungsmitgliedern in der Gegenwart vorweggenommen werden (z. B. öffentlich-rechtliche Zwangsversorgungskassen für bestimmte Berufsgruppen).

§ 4. Die Berechnung der Reserve bei der Erlebensfall- und Rentenversicherung.

a) Die Reserve bei der Erlebensfallversicherung.

Bei einmaliger Prämienzahlung wenden wir den 1. Hauptsatz, bei jährlicher Prämienzahlung den 2. Hauptsatz der Reservenberechnung an. Wir bezeichnen allgemein für die Versicherungssumme 1 die Reserve am Schlusse des m-ten Versicherungsjahres bei Einmalprämie mit ${}_mV({}_nE\ )$ und die Reserve bei Jahresprämie mit ${}_mV[{}_nP({}_nE_x)]$. Es ist also:

$$1. \qquad {}_mV({}_nE_x) = {}_{n-m}E_{x+m} = \frac{D_{x+n}}{D_{x+m}} = \frac{{}_nE_x}{{}_mE_x}$$

$$2. \quad {}_mV[{}_nP({}_nE_x)] = {}_{n-m}E_{x+m} - {}_nP({}_nE_x) \cdot \mathrm{a}_{x+m,\overline{n-m}|}$$

$$= \frac{D_{x+n}}{D_{x+m}} - \frac{D_{x+n}}{N_x - N_{x+n}} \cdot \frac{N_{x+m} - N_{x+n}}{D_{x+m}}$$

$$= \frac{D_{x+n}}{D_{x+m}}\left(1 - \frac{N_{x+m} - N_{x+n}}{N_x - N_{x+n}}\right) = \frac{\dfrac{D_{x+n}}{N_x - N_{x+n}}}{\dfrac{D_{x+m}}{N_x - N_{x+m}}}$$

$$= \frac{{}_nP({}_nE_x)}{{}_mP({}_mE_x)}.$$

Es gilt also bei der Erlebensfallversicherung der Satz:

„Die Reserve am Ende des m-ten Versicherungsjahres ist gleich dem Quotienten aus der Prämie für die ganze Dauer und der Prämie für die bis dahin verflossene Dauer.“

In der Zusammenstellung 3 (S. 88) geben wir für das Beispiel: $x = 40$ $n = 25$ $S = 100$ M. auf 2 Dezimalstellen für die einzelnen Versicherungsjahre die Reserven am Schlusse dieser Jahre sowohl bei einmaliger wie bei jährlicher Prämienzahlung, sowie deren Unterschiede. Man ersieht aus dieser Übersicht zunächst recht deutlich das Anwachsen der beiden Reserven auf die Versicherungssumme 100 M., die am Schlusse der Versicherung an die dann noch Lebenden ausbezahlt wird. Weiterhin erkennt man, daß der Unterschied der beiden Reserven von Jahr zu Jahr geringer wird.

Will man sich nur ungefähr eine Vorstellung von der Größe der Reserven bilden, so braucht man diese nicht für alle Jahre zu

Zusammenstellung 3. Reservenwerte für die Erlebensfallversicherung.

$x = 40 \quad n = 25 \quad VS = 100$ M.

Einmalprämie: 23,198 M. Jahresprämie: 1,605 M.

m	${}_mV(E)$	${}_mV(P)$	${}_mV(E) - {}_mV(P)$	m	${}_mV(E)$	${}_mV(P)$	${}_mV(E) - {}_mV(P)$
1	24,30	1,69	22,61	16	52,85	41,61	11,24
2	25,46	3,44	22,02	17	56,21	45,96	10,25
3	26,69	5,29	21,40	18	59,89	50,68	9,21
4	28,00	7,24	20,76	19	63,96	55,84	8,12
5	29,38	9,27	20,11	20	68,44	61,47	6,97
6	30,86	11,43	19,43	21	73,44	67,68	5,76
7	32,42	13,69	18,73	22	78,99	74,52	4,47
8	34,08	16,08	18,00	23	85,20	82,11	3,09
9	35,86	18,61	17,25	24	92,16	90,56	1,60
10	37,75	21,28	16,47	25	100,00	100,00	—
11	39,80	24,13	15,67				
12	42,00	27,15	14,85				
13	44,39	30,40	13,99				
14	46,97	33,86	13,11				
15	49,79	37,60	12,19				

bestimmen; es genügt, wenn man sich die Werte nur für 5jährige Abstände berechnet und diese Werte dann interpoliert. Da sich jedoch — wie man aus der Zusammenstellung 3 entnehmen kann — die Zunahme der Werte nicht gleichmäßig auf die ganze Dauer erstreckt, sondern mit derselben immer stärker wird, ist zu erwarten, daß eine lineare Interpolation in den späteren Versicherungsjahren zu ungenaue Werte liefert.

In solchen Fällen empfiehlt sich, die Bestimmung der Zwischenwerte auf graphischem Wege vorzunehmen. Man bedient sich dazu am besten eines Millimeterpapiers, trägt z. B. in Abständen von je 50 mm nacheinander senkrecht zu einer (Abszissen-)Achse die Einmalprämie und die Reservewerte für $m = 5, 10 \ldots$, also $V_0 = 232$ [E. Pr.], $V_5 = 294$, $V_{10} = 378$, $V_{15} = 498$, $V_{20} = 684$ und $V_{25} = 1000$ (V.-S.) in geeignetem Maßstab auf und verbindet die Endpunkte dieser Senkrechten (Ordinaten) durch eine dem Anwachsen der Werte zwanglos sich anschmiegende Kurve. Die lineare Interpolation bestünde in dem gebrochenen geradlinigen Zug, der diese Endpunkte miteinander verbindet. Mit der Zeit bekommt man bald eine gewisse Fertigkeit in der Zeichnung solcher Kurven, da sie fast alle derselben Gattung angehören. Um nun die Zwischenwerte der Reserven zu erhalten, liest man aus der Zeichnung die zu den einzelnen Jahren gehörigen Ordinaten der gezeichneten Kurve genau ab und stellt zur Probe durch genaue Berechnung mit Hilfe der diskontierten Zahlen und deren Summen einige Stichproben an. Dieses graphische Verfahren kann man auf alle Tabellen anwenden, bei denen die Zahlwerte nur für größere Abstände gegeben sind.

b) Die Reserve bei der Leibrente.

Mit Ausnahme der aufgeschobenen Leibrenten, bei denen in der Regel Jahresprämien während der Aufschubszeit bezahlt werden, geschieht die Einlage bei den Renten auf einmal, da man es tunlichst vermeidet, daß Prämien und Renten gleichzeitig bezahlt werden, es müßte denn sein, daß es sich um 2 verschiedene Personen handelt, von denen die eine die Prämien bezahlt und die andere die Renten erhält. Nach dem 1. Hauptsatz ist

1. $_mV(\mathbf{a}_x) = \mathbf{a}_{x+m}$;

2. $_mV(\mathbf{a}_{x\overline{n}|}) = \mathbf{a}_{x+m\,\overline{n-m}|}$

3. $$\left.\begin{aligned} {}_mV({}_{n|}\mathbf{a}_x) &= {}_{n-m|}\mathbf{a}_{x+m} = \frac{N_{x+n}}{D_{x+m}} \quad m < n \\ &= \quad \mathbf{a}_{x+m} = \frac{N_{x+m}}{D_{x+m}} \quad m \geqq n \end{aligned}\right\};$$

Nach dem 2. Hauptsatz ist für die aufgeschobene lebenslängliche Leibrente mit Jahresprämie während des Aufschubs:

3a. $$_mV[{}_nP({}_{n|}\mathbf{a}_x)]$$

$$\left.\begin{aligned} &= {}_{n-m|}\,\mathbf{a}_{x+m} - {}_nP({}_{n|}\mathbf{a}_x)\cdot \mathbf{a}_{x+m\,\overline{n-m}|} \\ &= \frac{N_{x+n}}{D_{x+m}} - \frac{N_{x+n}}{N_x - N_{x+n}} \cdot \frac{N_{x+m} - N_{x+n}}{D_{x+m}} \\ &= \frac{N_{x+n}\cdot(N_x - N_{x+m})}{D_{x+m}\cdot(N_x - N_{x+n})} \\ &= \frac{{}_nP({}_{n|}\mathbf{a}_x)}{{}_mP({}_mE_x)} = {}_mV({}_{n|}\mathbf{a}_x)\cdot\frac{\mathbf{a}_{x\overline{m}|}}{\mathbf{a}_{x\overline{n}|}} \end{aligned}\right\}\text{für } m < n$$

$$= \mathbf{a}_{x+m} = \frac{N_{x+m}}{D_{x+m}} \qquad \text{für } m \geqq n$$

Aus diesen Formeln geht klar hervor, daß im Laufe der Aufschubszeit die Reserve bei jährlicher Zahlung der Reserve bei einmaliger Zahlung allmählich immer näherkommt; am Ende derselben und während der Rentenzahlung ($m \gtreqless n$) ist sie mit ihr identisch, da dann keine Prämien mehr zu erwarten sind ($\mathfrak{a}_{x\overline{m}|} = \mathfrak{a}_{x\overline{n}|}$ für $m = n$).

Beispiel: Es sind für $x = 50$ $n = 20$ $m = 5, 10, 15, 20, \ldots$ und $R = 100$ M. die einzelnen Reserven für die drei zusammengehörigen Leibrenten einander gegenüberzustellen.

Die einmaligen Prämien sind: 1. $R \cdot \mathfrak{a}_{50} = 1352$ M.; 2. $R \cdot \mathfrak{a}_{50\overline{20}|} = 1186$ M.; 3. $R \cdot {}_{20|}\mathfrak{a}_{50} = 166$ M.; die jährliche Prämie für letztere: 3a. $P = R \cdot \frac{{}_{20|}\mathfrak{a}_{50}}{\mathfrak{a}_{50\overline{20}|}} = 14$ M.

Zusammenstellung 4. Reservenwerte für die Leibrentenversicherung.

$x = 50$ $n = 20$ $R = 100$ M.

m	lebenslänglich ${}_mV(\mathfrak{a}_{50})$	temporär ${}_mV(\mathfrak{a}_{50\overline{20}|})$	aufgeschoben E. P. ${}_mV({}_{20|}\mathfrak{a}_{50})$	aufgeschoben J. P. ${}_mV'({}_{20|}\mathfrak{a}_{50})$	aufgeschoben Unterschied $P \cdot \mathfrak{a}_{50+m\,\overline{20-m}|}$
5	1189	970	219	83	136
10	1025	723	302	201	101
15	862	422	440	381	59
20	705	—	705	705	—
25	563	—	563	563	—
30	431	—	431	431	—
35	303	—	303	303	—
40	—	—	—	—	—

Wir ersehen auch aus diesem Beispiel, daß die Reservenwerte der lebenslänglichen Leibrente (2. Spalte) wie die Rentenwerte selbst abnehmen, daß die Reservenwerte der temporären Leibrente (3. Spalte) während der ganzen Dauer, und zwar rascher als bei der lebenslänglichen Leibrente, abnehmen, daß die Reservenwerte der aufgeschobenen Leibrente (4. und 5. Spalte) in der Zeit des Aufschubs (20 Jahre!) bis zum Rentenwert 705 am Ende desselben zunehmen und von da an mit den abnehmenden Reservenwerten der lebenslänglichen Leibrente zusammenfallen; bei jährlicher Prämienzahlung (Spalte 5) erfolgt jene Zunahme während der Aufschubszeit auf den Höchstwert an dessen Ende rascher als wie bei einmaliger Einlage (Spalte 4), sie unterscheidet sich von dem Wert bei Einmalprämie um den Wert der jeweils noch ausstehenden Prämien (Spalte 6).

§ 5. Die Berechnung der Reserve bei den verschiedenen Arten der Todesfallversicherung.

a) Die Reserve bei der sofort beginnenden lebenslänglichen Todesfallversicherung.

Je nach der Art der Prämienzahlung: einmalig, lebenslänglich oder abgekürzt erhalten wir für die Reserve:

1. $_mV(A_x) = A_{x+m} = \frac{M_{x+m}}{D_{x+m}} = 1 - d \cdot \mathbf{a}_{x+m}$ [1])

2. $_mV(P_x) = A_{x+m} - P_x \cdot \mathbf{a}_{x+m} = 1 - (d + P_x) \cdot \mathbf{a}_{x+m}$ [2])

$$= 1 - d\,\mathbf{a}_{x+m} - \left(\frac{1}{\mathbf{a}_x} - d\right) \mathbf{a}_{x+m}$$

$$= \frac{M_{x+m}}{D_{x+m}} - \frac{M_x}{N_x} \cdot \frac{N_{x+m}}{D_{x+m}} = 1 - \frac{\mathbf{a}_{x+m}}{\mathbf{a}_x}$$ [2])

3. $_mV({}_tP_x) = A_{x+m} - {}_tP_x \cdot \mathbf{a}_{x+m\,\overline{t-m|}}$

$$= \frac{M_{x+m}}{D_{x+m}} - \frac{M_x}{N_x - N_{x+t}} \cdot \frac{N_{x+m} - N_{x+t}}{D_{x+m}} \quad \text{für } m < t$$

$$= A_{x+m} = \frac{M_{x+m}}{D_{x+m}} \quad \text{für } m \geqq t$$

Wir haben bereits im § 3 dieses Kapitels (Seite 80/1) ein ausführliches Beispiel für die lebenslängliche Todesfallversicherung mit einmaliger und lebenslänglicher jährlicher Prämie kennengelernt, das die zugehörigen Reservewerte von 5 zu 5 Jahren enthielt (siehe dort die Zusammenstellung 2). Ein weiteres Beispiel zeige die verschiedenen Berechnungsarten gemäß den oben entwickelten Formeln.

---

[1]) Der Versicherte erhält gegen Verzicht auf die Reserve $_mV(A)$ die Versicherungssumme 1 als Darlehen, das er durch die Zahlung von d (jährlich vorschüssig) bis zum Eintritt des Versicherungsfalles verzinst.

[2]) Gegen Verzicht auf die Reserve $_mV(P)$ erhält der Versicherte die Versicherungssumme 1 als Darlehen, das er durch die jährliche Zahlung von $P + d = \frac{1}{\mathbf{a}_x}$ bis zum Eintritt des Versicherungsfalles tilgt.

In diesem Moment geht in beiden Fällen das vorläufige Darlehen als fällige Versicherungssumme in das Eigentum des Versicherten (bzw. seiner Erben) über. Vergleiche auch die beiden Fußnoten Seite 64!

Beispiel: Ein Versicherter möge vor 20 Jahren im Alter von 40 Jahren eine lebenslängliche Todesfallversicherung auf die Summe von 30000 M. abgeschlossen haben. Wie groß ist jetzt seine Prämienreserve

a) bei einmaliger Prämie,
b) bei lebenslänglicher Prämie,
c) bei (auf 25 Jahre) abgekürzter Prämie?

$$x = 40 \quad m = 20 \quad t = 25 \quad S = 30000 \text{ M.}$$
$$x + m = 60 \quad x + t = 65$$

Tab. 13: $A_{40} = 0{,}4436$ Tab. 10: $\mathfrak{a}_{40} = 16{,}45$

„ $A_{60} = 0{,}6535$ „ $\mathfrak{a}_{60} = 10{,}25$

Tab. 16: $P_{40} = 0{,}0270$ Tab. 11: $\mathfrak{a}_{40\,\overline{25}|} = 14{,}45$

$\dfrac{A_{40}}{\mathfrak{a}_{40\,\overline{25}|}} = {}_{25}P_{40} = 0{,}0307$ „ $\mathfrak{a}_{60\,\overline{5}|} = 4{,}34$

Es beträgt also

die einmalige Prämie: $A_{40} \cdot S = 13308$ M.
die lebenslängliche Pramie: $P_{40} \cdot S = 810$ M.
die abgekürzte Prämie: ${}_{25}P_{40} \cdot S = 921$ M.

Die Reserve am Schluß des 20. Versicherungsjahres ist bei einmaliger Prämie:

$$S \cdot {}_{20}V(A_{40}) = S \cdot A_{60} = \mathbf{19605} \text{ M.}$$

bei lebenslänglicher Prämie:

$$S \cdot {}_{20}V(P_{40}) = {}_{20}V(A_{40})S - P_{40} \cdot S \cdot \mathfrak{a}_{60} = 19605 \text{ M.} - 8303 \text{ M.} = \mathbf{11302} \text{ M.}$$

bei abgekürzter Prämie:

$$S \cdot {}_{20}V({}_{25}P_{40}) = S \cdot {}_{20}V(A_{40}) - {}_{25}P_{40} \cdot S \cdot \mathfrak{a}_{60\,\overline{5}|} = 19605 \text{ M.} - 3997 \text{ M.} = \mathbf{15608} \text{ M.}$$

NB. Bestimmt man ${}_{20}V(P_{40})$ aus der Formel $1 - \dfrac{\mathfrak{a}_{60}}{\mathfrak{a}_{40}} = 1 - 0{,}6231 = 0{,}3769$,

so erhält man $S \cdot {}_{20}V(P_{40}) = \mathbf{11307}$ M. (l. l. Pr.).

Der Reservewert bei abgekürzter Zahlung (3. Fall: $m < t$) ist zwar kleiner als der Reservewert bei einmaliger Zahlung (1. Fall), aber größer als der Reservewert bei lebenslänglicher Zahlung (2. Fall), da stets $N_{x+m} < N_x$.

b) Die Reserve bei der aufgeschobenen lebenslänglichen Todesfallversicherung.

Auch hier haben wir einmalige, lebenslängliche und abgekürzte Prämienzahlung (diese insbesondere während der Wartezeit) zu unterscheiden. Während der Aufschubszeit

$(m < n)$ ist die Reserve bei einmaliger Prämie stets kleiner als die entsprechende Reserve bei der sofort beginnenden lebenslänglichen Todesfallversicherung; nach der Aufschubszeit $(m \geqq n)$ fallen die beiden Werte zusammen (vgl. die Werte A_{x+m} aus Tabelle 13!).

Die Formeln für die Reserven bei den verschiedenen Arten der Prämienzahlung sind

1. bei einmaliger Prämie:

$$\left.{}_mV({}_{n|}A_x) = {}_{n-m|}A_{x+m} = \frac{M_{x+n}}{D_{x+m}}\right\} m < n$$

$$\left.= {}_mV(A_x) = A_{x+m} = \frac{M_{x+m}}{D_{x+m}}\right\} m \geqq n$$

2. bei jährlicher, während der Aufschubszeit zu zahlender Prämie:

$$\left.\begin{aligned} {}_mV[{}_nP({}_{n|}A_x)] &= {}_mV({}_{n|}A_x) - {}_nP({}_{n|}A_x) \cdot \mathbf{a}_{x+m\,\overline{n-m|}} \\ &= \frac{M_{x+n}}{D_{x+m}} \cdot \frac{N_x - N_{x+m}}{N_x - N_{x+n}} = {}_mV({}_{n|}A_x) \cdot \frac{\mathbf{a}_{x\overline{m|}}}{\mathbf{a}_{x\overline{n|}}} \end{aligned}\right\} m < n$$

$$\left.= {}_mV(A_x) = A_{x+m} = \frac{M_{x+m}}{D_{x+m}}\right\} m \geqq n$$

3. bei jährlicher lebenslänglich zu zahlender Prämie:

$$\left.\begin{aligned} {}_mV[P({}_{n|}A_x)] &= {}_mV({}_{n|}A_x) - P({}_{n|}A_x) \cdot \mathbf{a}_{x+m} \\ &= \frac{M_{x+n}}{D_{x+m}} \cdot \frac{N_x - N_{x+m}}{N_x} = {}_mV({}_{n|}A_x) \cdot \frac{\mathbf{a}_{x\overline{m|}}}{\mathbf{a}_x} \end{aligned}\right\} m < n$$

$$\left.\begin{aligned} &= {}_mV(A_x) - P({}_{n|}A_x) \cdot \mathbf{a}_{x+m} \\ &= \frac{M_{x+m}}{D_{x+m}} - \frac{M_{x+n}}{N_x} \cdot \frac{N_{x+m}}{D_{x+m}} \end{aligned}\right\} m \geqq n$$

Beispiel: Jemand schließt mit 50 Jahren eine um 20 Jahre aufgeschobene lebenslängliche Todesfallversicherung auf die Summe von 10000 M. ab; bestimme die einmalige, die in der Wartezeit und die lebenslänglich zu zahlende Jahresprämie, sowie die Reservenwerte von 5 zu 5 Jahren!

Einmalige Prämie: 1796 M.

$${}_{20|}A_{50} = A_{50} - (A_{50\,\overline{20|}} - {}_{20}E_{50}) = 0{,}5429 - (0{,}5991 - 0{,}2358) = 0{,}1796$$
$$= M_{70} : D_{50} \qquad = 2309 : 12862 \qquad = 0{,}1795$$

Abgekürzte Prämie: 151,43 M.

$_{20}P(_{20|}A_{50}) = M_{70} : (N_{50} - N_{70}) = 2309 : (173866 - 21390) = 0{,}015143$

$= {}_{20|}A_{50} : \mathfrak{a}_{50\,\overline{20}|} = 0{,}1796 : 11{,}86 = 0{,}015143$

Lebenslängliche Prämie: 132,80 M.

$P(_{20|}A_{50}) = M_{70} : N_{50} = 2309 : 173866 = 0{,}013280$

$= {}_{20|}A_{50} : \mathfrak{a}_{50} = 0{,}1796 : 13{,}52 = 0{,}013284$

Zusammenstellung 5. Reservenwerte für die aufgeschobene lebenslängliche Todesfallversicherung.

$x = 50 \quad n = 20 \quad S = 10000$ M.

m	Einmalprämie	abgekürzte Prämie		lebensl. Prämie	
	Reserve	Reserve	Unterschied	Reserve	Unterschied
5	2367	899	1468	788	1579
10	3255	2160	1095	1894	1361
15	4756	4117	639	3611	1145
20	7615	7615	—	6679	936
25	8097	8097	—	7350	747
30	8542	8542	—	7970	572
35	8974	8974	—	8572	402
40	10000	10000	—	10000	—

Bei allen drei Prämienzahlungsarten bemerkt man ein Anwachsen der Reservewerte auf die Versicherungssumme 10000; die Werte bei einmaliger Prämie sind die größten; sie stimmen von $m = 20$ an bei der Einmalprämie und der abgekürzten Jahresprämie mit den Reserven einer sofort beginnenden lebenslänglichen Todesfallversicherung überein (siehe die betreffenden Werte in § 3, 2. Beispiel, Zusammenstellung 2 Spalte 3 S. 81). Dann folgen der Größe nach die Werte bei abgekürzter Zahlung. Die kleinste Reserve ist im Falle der lebenslänglichen Prämienzahlung zu legen; am Ende der Sterbetafel ($m = 40$) fallen alle Reserven mit der Versicherungssumme zusammen. Die Unterschiede geben den Wert der jeweils noch ausstehenden Prämien.

c) Die Reserve bei der kurzen Todesfallversicherung.

Hier wird die Prämie entweder auf einmal oder jährlich während der ganzen Versicherungsdauer bezahlt.

Einmalige Prämie:

$$ {}_mV({}_{|n}A_x) = {}_{|n-m}A_{x+m} = \frac{M_{x+m} - M_{x+n}}{D_{x+m}} $$

jährliche Prämie:

$$ {}_mV[{}_nP({}_{|n}A_x)] = {}_mV({}_{|n}A_x) - {}_nP({}_{|n}A_x) \cdot \mathbf{a}_{x+m\,\overline{n-m}|} $$
$$ = \frac{M_{x+m} - M_{x+n}}{D_{x+m}} - \frac{M_x - M_{x+n}}{N_x - N_{x+n}} \cdot \frac{N_{x+m} - N_{x+n}}{D_{x+m}} . $$

Beispiel: Die ergänzende kurze Todesfallversicherung zu oben:

$$ x = 50 \quad n = 20 \quad S = 10000 \text{ M.} $$

Einmalige Prämie:

$$ {}_{|20}A_{50} = A_{50\,\overline{20}|} - {}_{20}E_{50} = 0{,}5991 - 0{,}2358 \qquad = 0{,}3633 $$
$$ = (M_{50} - M_{70}) : D_{50} = (6982 - 2309) : 12862 = 0{,}36332 $$

Jährliche Prämie:

$$ {}_{20}P({}_{|20}A_{50}) = {}_{|20}A_{50} : \mathbf{a}_{50\,\overline{20}|} = 0{,}3633 : 11{,}86 \qquad = 0{,}030632 $$
$$ = (M_{50} - M_{70}) : (N_{50} - N_{70}) = 4673 : 152476 = 0{,}030647 $$
$$ = P_{50\,\overline{20}|} - {}_{20}P({}_{70}E_{50}) = 0{,}0505 - 0{,}0199 \qquad = 0{,}0306 $$

Zusammenstellung 6. Reservenwerte für die kurze Todesfallversicherung.

$x = 50 \quad n = 20 \quad S = 10000$ M.

m	Einmalige Prämie Reserve	Jährliche Prämie Reserve	Unterschied
5	3612	640	2972
10	3280	1065	2215
15	2329	1037	1292
20	—	—	—

Die Reserve bei Einmalprämie nimmt beständig ab; die Reserve bei Jahresprämie nimmt erst zu und dann wieder ab; der Wert der noch ausstehenden Prämien nimmt — wie zu erwarten — ebenfalls beständig ab. Ist die Versicherungsdauer abgelaufen $m = n$, so hat die Versicherungsgesellschaft keine weiteren Verpflichtungen mehr; die Reserve ist in beiden Fällen Null.

Anmerkung: Aus den beiden unter b) und c) gegebenen Werten können wir durch Addition die entsprechenden Werte für die lebenslängliche sofort beginnende lebenslängliche Todesfallversicherung gewinnen; bei jährlicher Prämienzahlung kann es sich natürlich nur um die abgekürzte Zahlungsweise handeln; siehe die folgende Zusammenstellung!

Zusammenstellung 7. Vergleich der Reservenwerte aus den Zusammenstellungen 2, 5 und 6.

$x = 50 \quad n = 20 \quad S = 10000$ M.

		Aufg. lebensl. Todesfallvers.	kurze Todesfallvers.	sof. beg. lebensl. Todesfallvers.
Einmalprämien:		1796	3633	5429
Jahresprämien(abg.)		151,5	306,4	457,9
Reserven:				
$m = 5$	E. P.......	2367	3612	5979
	J. P.......	899	640	1539
	Unterschied	1468	2972	4440
$m = 10$	E. P.	3255	3280	6535
	J. P.......	2160	1065	3225
	Unterschied	1095	2215	3310
$m = 15$	E. P.	4756	2329	7085
	J. P.......	4117	1037	5154
	Unterschied	639	1292	1931

Vom 20. Versicherungsjahre an fällt die Reserve der aufgeschobenen Versicherung mit der Reserve der sofort beginnenden zusammen; da keine Prämien mehr zu erwarten sind, kommen nur mehr die Reservewerte für Einmalprämie $m = 20$: 7615, $m = 25$: 8097, $m = 30$: 8542, $m = 35$: 8974 und für das Ende der Versicherung $m = 40$: die Versicherungssumme 10000 M. in Betracht; die kurze Todesfallversicherung hat am Schlusse des 20. Versicherungsjahres ihr vertragsmäßiges Ende erreicht; die Reserve ist Null, da von diesem Zeitpunkt an von beiden Seiten keine weiteren Zahlungen geleistet werden.

NB. In diesem Zusammenhang möge noch erwähnt werden, daß bei dem besonderen Fall der kurzen Todesfallversicherung auf ein Jahr (Risikoversicherung auf ein Jahr, natürliche Prämie) überhaupt keine Reserve zu legen ist, da mit der Auszahlung der Sterbfallsumme am Ende des Jahres die Versicherung jeweils beendet ist; dies gilt auch für den Fall des Umlageverfahrens, bei dem diese Versicherungsart Jahr für Jahr wiederholt wird.

d) Die Reserve bei der gemischten Versicherung.

Sowohl bei einmaliger wie bei jährlicher Prämie erhalten wir für die Reserve einfache Ausdrücke; darin zeigt sich wieder der vollkommene Charakter dieser Versicherungsart; man hat in den entsprechenden Formeln für die lebenslängliche

Todesfallversicherung nur die lebenslänglichen Leibrenten durch die temporären zu ersetzen.

$$ {}_mV(A_{x\overline{n}|}) = A_{x+m\,\overline{n-m}|} = 1 - d \cdot \mathbf{a}_{x+m\,\overline{n-m}|}\ ^{1)} $$
$$ = \frac{M_{x+m} - M_{x+n} + D_{x+n}}{D_{x+m}}, $$

$$ {}_mV(P_{x\overline{n}|}) = A_{x+m\,\overline{n-m}|} - P_{x\overline{n}|} \cdot \mathbf{a}_{x+m\,\overline{n-m}|} $$
$$ = 1 - (d + P_{x\overline{n}|}) \cdot \mathbf{a}_{x+m\,\overline{n-m}|}\ ^{2)} $$
$$ = 1 - \frac{\mathbf{a}_{x+m\,\overline{n-m}|}}{\mathbf{a}_{x\overline{n}|}}\ ^{2)} = 1 - \frac{\dfrac{N_{x+m} - N_{x+n}}{D_{x+m}}}{\dfrac{N_x - N_{x+n}}{D_x}} $$

Bei der Wichtigkeit der gemischten Versicherung soll an mehreren Beispielen (S. 98) das Anwachsen der Reserven auf die Versicherungssumme mehr oder weniger ausführlich gezeigt werden.

Zusammenstellung 8. Reservenwerte für die gemischte Versicherung.

$x = 35$ $n = 30$ $S = 10000$ M. E. P.: 4549 M. J. P.: 282 M.

m	E.-P.-Reserve	J.-P.-Reserve	Unterschied	m	E.-P.-Reserve	J.-P.-Reserve	Unterschied
1	4655	194	4461	16	6698	3942	2756
2	4764	394	4370	17	6872	4261	2611
3	4877	601	4276	18	7052	4591	2461
4	4993	814	4179	19	7238	4932	2306
5	5112	1033	4079	20	7431	5286	2145
6	5235	1258	3977	21	7631	5655	1976
7	5361	1490	3871	22	7841	6038	1803
8	5491	1728	3763	23	8060	6440	1620
9	5625	1974	3651	24	8289	6861	1428
10	5763	2227	3536	25	8531	7305	1226
11	5906	2489	3417	26	8787	7774	1013
12	6054	2761	3293	27	9058	8273	785
13	6207	3042	3165	28	9349	8806	543
14	6366	3332	3034	29	9662	9380	282
15	6529	3633	2896	30	10000	10000	—

[1]) [2]) dieselbe Erklärung wie auf S. 91 für die lebensl. Todesfallversicherung!

1. Wir haben bereits im § 1 dieses Kapitels ein solches Beispiel in aller Breite entwickelt.

2. Für ein weiteres Beispiel von längerer Dauer: $x = 35$ $n = 30$ seien für jedes Jahr die Reservenwerte bei einmaliger und bei jährlicher Prämienzahlung, sowie deren Unterschiede einander gegenübergestellt (Zusammenstellung 8, S. 97).

3. Bei dem 3. Beispiel wollen wir die beiden Komponenten, in welche die gemischte Versicherung zerlegt werden kann, gesondert betrachten, um zu zeigen, wie sich diese Zerlegung nicht nur in den Prämien, sondern auch in den Reserven auswirkt. Wir nehmen dazu das Beispiel: $x = 50$ $n = 20$ $S = 10000$ M., für welches wir bereits unter c) die kurze Todesfallversicherung betrachtet haben.

Zusammenstellung 9. Reservenwerte für die gemischte Versicherung.

$x = 50$ $n = 20$ $S = 10000$ M.

und ihre beiden Komponenten.

		Erlebensfall-versicherung	Risiko-versicherung	Gemischte Versicherung
Einmalprämien:		2358 (39,4)	3633 (60,6)	5991 (100,0)
Jahresprämien:		199 (39,4)	306 (60,6)	505 (100,0)
Reserven:				
$m = 5$	E. P.	3109 (46,3)	3612 (53,7)	6721 (100,0)
	J. P.	1181 (64,9)	640 (35,1)	1821 (100,0)
	Unterschied	1928 (39,4)	2972 (60,6)	4900 (100,0)
$m = 10$	E. P.	4275 (56,6)	3280 (43,4)	7555 (100,0)
	J. P.	2837 (72,7)	1064 (27,3)	3901 (100,0)
	Unterschied	1438 (39,4)	2216 (60,6)	3654 (100,0)
$m = 15$	E. P.	6245 (72,8)	2329 (27,2)	8574 (100,0)
	J. P.	5405 (83,9)	1038 (16,1)	6443 (100,0)
	Unterschied	840 (39,4)	1291 (60,6)	2131 (100,0)
$m = 20$	E. P.	10000 (100,0)	— (—)	10000 (100,0)
	J. P.	10000 (100,0)	— (—)	10000 (100,0)
	Unterschied	—	—	—

(NB. Die Zahlen in den Klammern geben die prozentualen Anteile der Komponenten an.)

In der Prämienbemessung tritt sowohl bei der einmaligen wie bei der jährlichen Prämie die Erlebensfallversicherung gegenüber der Risikoversicherung zurück.

Ganz anders ist aber das Verhalten der einzelnen Komponenten bei den Reserven: Wohl ist in den ersten Jahren bei Einmalprämie die Reserve der Erlebensfallversicherung kleiner als die Reserve bei der Risikoversicherung; bei jährlicher Prämie ist sie schon bei $m = 5$ bei jener größer als bei dieser; in späteren Jahren überwiegt der Erlebensfallanteil in der Reserve bei beiden Zahlungsarten immer mehr, wie aus den Relativzahlen klar hervorgeht; der Unterschied der beiden Reserven hat für die beiden Komponenten stets dasselbe Verhältnis, und zwar das der Prämien, weil der andere Faktor: der Leibrentenwert bei beiden Komponenten, derselbe ist.

In der Erlebensfallversicherung wie in der Gesamtversicherung nähert sich die Reserve beide Male der Versicherungssumme 10000 M., bei der Einmalprämie erfolgt dieses Anwachsen selbstverständlich langsamer als wie bei der Jahresprämie, da man in der hohen Einmalprämie bereits einen erheblichen Grundstock besitzt.

§ 6. Die versicherungstechnische Behandlung von Vertragsänderungen.

Als Anwendung der bisherigen Entwicklungen über die Berechnung von Prämien und Reserven wollen wir im folgenden die hauptsächlichsten Änderungen eines Versicherungsvertrags nach der technischen Seite hin besprechen.

Solche Änderungen können sich entweder auf die Höhe der Versicherungssumme oder auf die Dauer der Prämienzahlung oder auf die Art der Versicherung beziehen. Bei Versicherungen, welche gegen eine einmalige Prämie abgeschlossen sind, kommen solche Änderungen im allgemeinen seltener vor als bei Versicherungen gegen jährliche Prämie. Da in der Einmalprämie die gesamten Leistungen des Versicherten bereits vorweggenommen sind, handelt es sich bei Änderungen eines solchen Vertrags entweder um eine zusätzliche Leistung einmaliger oder periodischer Art von seiten des Versicherten — also eigentlich um eine neue Versicherung —

oder um eine Änderung in der Versicherungsdauer. Letzteres ist z. B. der Fall, wenn bei einer gemischten Versicherung der Auszahlungstermin im Erlebensfall weiter hinausgeschoben werden soll; dadurch wird von selbst ohne eine weitere geldliche Gegenleistung von seiten des Versicherten eine Erhöhung der Versicherungssumme erzielt; schließlich kann auch eine Änderung der Versicherungsart vorgenommen werden, daß z. B. eine Todesfallversicherung in eine Leibrente verwandelt werden soll (letztes Beispiel).

Etwas anders liegt der Fall bei den Versicherungen, welche gegen jährliche Prämien abgeschlossen sind. Hier können es die wirtschaftlichen Verhältnisse mit sich bringen, daß der Versicherte die Prämienzahlung ganz oder teilweise einstellen muß; dies bedingt dann unter allen Umständen eine Herabsetzung der Versicherungssumme. Es kann aber auch vorkommen, daß der Versicherte von nun an zugleich auch auf jeden Versicherungsschutz verzichtet; er hat dann in der Regel einen gesetzlichen (siehe die Ausführungen im Anhang) Anspruch auf eine gewisse Abfindungssumme, den Rückkaufswert der Versicherung. Von Interesse sind auch diejenigen Änderungen (Umwandlungen), bei denen der Versicherte von einer teuren Art zu einer billigeren übergeht: soll die Versicherungssumme beibehalten werden, so tritt bei dieser Umwandlung von selbst eine Ermäßigung der Prämien ein. Wird dagegen die Prämie beibehalten, aber länger bezahlt, so ergibt sich daraus eine Erhöhung der Versicherungssumme. Schließlich können die verschiedenen Möglichkeiten, einen Vertrag zu ändern, auch gleichzeitig auftreten.

Wie aber die beabsichtigte Änderung auch sei, die technische Behandlung solcher Änderungen beruht stets auf dem Hauptsatz der Versicherungstechnik von der Äquivalenz von Leistung und Gegenleistung. Man hat bei jeder Änderung in erster Linie die bis zum Tag der Änderung angesammelte Reserve festzustellen; diese gilt dann auf alle Fälle für den neuen Vertrag als einmalige Einlage; sind noch weiterhin Prämien vereinbart, so ergibt deren Barwert zusammen mit jener Reserve den Wert der neuen Versicherung am Tage der Änderung. Es gilt nun für jede Änderung eines Versicherungsvertrags folgender Hauptsatz: „Die (prospektive) Reserve der neuen Versicherung am Tage der Änderung ist gleich der (retrospektiven) Reserve der alten Versicherung am gleichen Tage, d. h. in der Reservenlegung darf durch eine Änderung des Vertrags kein Sprung entstehen, es sei denn, daß gleichzeitig zusätzliche einmalige Leistungen hinzutreten, welche bei der Bemessung der Reserve der neuen Versicherung gebührend zu berücksichtigen sind. Der alte Vertrag darf nur durch einen in technischer Hinsicht völlig gleichwertigen neuen Vertrag ersetzt werden."

a) Einstellung der Prämienzahlung (Umwandlung in eine prämienfreie Versicherung).

Wir nehmen z. B. den folgenden Fall: In der gemischten Versicherung: Eintrittsalter x, Dauer n, Versicherungssumme S_1, Zahl der bereits vollendeten Versicherungsjahre m; jährliche Prämie $P_{x\overline{n}|} \cdot S_1$ wird die Prämienzahlung eingestellt; wie ändert sich dadurch die Versicherungssumme?

Die Reserve am Tag der Prämieneinstellung ist für die alte Versicherung mit der Summe S_1 gegeben durch ${}_mV(P_{x\overline{n}|}) \cdot S_1$, für die neue Versicherung mit der reduzierten Summe S_2 durch $A_{x+m\,\overline{n-m}|} \cdot S_2 = {}_mV(A_{x\overline{n}|}) \cdot S_2$. Aus der Gleichheit dieser beiden Reservenwerte ergibt sich die reduzierte Versicherungssumme $S_2 = \dfrac{{}_mV(P_{x\overline{n}|}) \cdot S_1}{{}_mV(A_{x\overline{n}|})}$. Es verhalten sich also die beiden Versicherungssummen wie die Werte, welche die Reserve vor und nach der Änderung für die Versicherungssumme 1 annimmt.

Der Charakter der Versicherung: gemischte Versicherung auf das Endalter $x + n$ hat sich nicht geändert. Der Übergang von der jährlichen zur einmaligen Prämienzahlung hat lediglich eine Reduktion der Summe S_1 auf S_2 zur Folge:

$$S_2 : S_1 = {}_mV(P_{x\overline{n}|}) : {}_mV(A_{x\overline{n}|})$$

$$= \left(1 - \frac{\mathbf{a}_{x+m\,\overline{n-m}|}}{\mathbf{a}_{x\overline{n}|}}\right) : (1 - d \cdot \mathbf{a}_{x+m\,\overline{n-m}|}) \ldots \text{(I)}$$

Für die relative Herabsetzung der Versicherungssumme ergibt sich

$$(S_1 - S_2) : S_1 = \left(\frac{1}{\mathbf{a}_{x\overline{n}|}} - d\right) : \left(\frac{1}{\mathbf{a}_{x+m\,\overline{n-m}|}} - d\right)$$

$$= P_{x\overline{n}|} : P_{x+m\,\overline{n-m}|} \ldots \text{(Ia)}$$

Die Kürzung verhält sich also zur ursprünglichen Summe wie die vereinbarte Jahresprämie zu derjenigen Prämie, welche der Versicherte nun zu zahlen hätte, wenn er sich am Tage der Änderung auf die ursprüngliche Summe und das gleiche Endalter neu versichern wollte.

NB.! Für $m = 0$ ergibt sich aus I: $S_2 = 0$, d. h. wenn überhaupt keine Prämien bezahlt werden, so kann auch keine Gegenleistung geboten werden; für $m = n$ ergibt sich aus I: $S_2 = S_1$, d. h. am Ende der Versicherung hat eine Prämieneinstellung keine Wirkung.

Die Formel (Ia) ergibt für $m = 0$ entsprechend $S_1 - S_2 = S_1$, d. h. $S_2 = 0$; mit Hilfe der Beziehung:

$$\frac{1}{P_{x+m\,\overline{n-m}|}} = \frac{\mathbf{a}_{x+m\,\overline{n-m}|}}{1 - d \cdot \mathbf{a}_{x+m\,\overline{n-m}|}}$$

folgt aus (Ia) für $m = n$, daß $(S_1 - S_2) : S_1 = 0$ d. h. $S_1 = S_2$.

Verfolgt man diese Entwicklung von 5 zu 5 Jahren, so erhält man für das Beispiel: $x = 35$ $n = 30$ $S = 20000$ M. Jahresprämie 564,00 M. die folgende Zusammenstellung 10 (S. 103).

b) Rücktritt vom Versicherungsvertrag (Berechnung des Rückkaufswertes).

In diesem Fall kündigt der Versicherte den Vertrag; das Versicherungsverhältnis soll also nicht wie im vorigen Fall mit herabgesetzter Summe weiter fortgeführt, sondern vorzeitig beendet werden (Storno). In den Fällen einer vollkommenen Versicherung hat der Versicherte dabei einen gesetzlichen Anspruch auf eine Abfindung (Rückkaufswert der Versicherung).

Zusammenstellung 10. Reduktion der Versicherungssumme S_1 auf S_2 bei Einstellung der Prämienzahlung; Rückkaufswert.

Gemischte Versicherung: $x = 35$ $n = 30$ $S_1 = 20000$ M.
J. P.: 564 M.

m	$x+m$	$P_{\overline{x+m\,n-m}\rceil}$	$(S_1-S_2):S_1$	$S_2:S_1$	S_2	S_1-S_2	$S_1 \cdot {}_mV(P_{\overline{xn}\rceil})$ (Reserve)	$S_1 \cdot {}_mV(P_{\overline{xn}\rceil}) \cdot 0{,}75$ (Rückkaufswert)
0	35	564	1,0000	—	—	20000	—	—
5	40	707	0,7980	0,2020	4040	15960	2065	1549
10	45	920	0,6136	0,3864	7728	12272	4455	3341
15	50	1272	0,4437	0,5563	11126	8874	7265	5449
20	55	1956	0,2886	0,7113	14228	5772	10573	7930
25	60	3927	0,1437	0,8653	17126	2874	14609	10957
30	65	—	—	1,0000	20000	—	20000	(15000)

[Nach VVG. § 176 (siehe Anhang, S. 146): „Bei einer Kapitalversicherung für den Todesfall, die so genommen ist, daß der Eintritt des Versicherungsfalls gewiß ist, ist die auf die Versicherung fallende Prämienreserve mit einem angemessenen Abzug zu erstatten.“ Man kann diesen Abzug nach der Höhe der bereits angesammelten Reserve abstufen; man kann aber auch für die ganze Versicherungsdauer denselben Hundertsatz festsetzen. Für die Berechtigung, einen solchen Abzug an der Reserve vorzunehmen, führt man an, daß meist nur die gesundheitlich bessergestellten Versicherten einen solchen Rückkauf beanspruchen, daß also durch einen solchen Rücktritt das durchschnittliche Sterbfallrisiko erhöht wird.]

In der obigen Zusammenstellung 10 ist in der letzten Spalte für unser Beispiel der Rückkaufswert bereits angegeben, falls man einheitlich 75% der Reserve zurückerstattet. Nach 15 Jahren erhält der Versicherte z. B. die Summe von 5449 M. (75% von 7265 M.), worüber er nicht sehr erfreut sein wird; hat er doch an Prämien in bar bereits **8460 M.** (mit Zins und Zinseszins sogar 11263,06 M.) einbezahlt.

c) Umwandlung eines Vertrags durch Verlängerung der Versicherungs- bzw. Prämienzahlungsdauer.

1. **Beispiel:** Will der Versicherte seine Versicherungssumme

beibehalten, so kann er eine Ermäßigung der Jahresprämie, unter Umständen sogar eine prämienfreie Versicherung dadurch erzielen, daß er von einer teueren Versicherungsart zu einer billigeren übergeht. Meistens wird dabei die Versicherungsdauer wesentlich erhöht; auch ist in der Regel damit eine Verlängerung der Prämienzahlungsdauer verbunden. Soll die ursprüngliche Prämienzahlungsdauer beibehalten und nur der Auszahlungstermin der Versicherungssumme im Erlebensfall weiter hinausgeschoben werden, so ist in diesem Fall die Ermäßigung der Prämie selbstverständlich nicht so groß wie in dem vorigen Fall. Wir wollen die notwendigen Rechnungen wieder an demselben Beispiel vornehmen: die gemischte Versicherung soll in einem bestimmten Zeitpunkt (am Ende des m-ten Versicherungsjahres in eine lebenslängliche Todesfallversicherung entweder mit lebenslänglicher oder mit abgekürzter Prämienzahlung verwandelt werden. In letzterem Fall soll die Prämie insgesamt nicht länger als ursprünglich vereinbart war bezahlt werden. Im Laufe einer jeden gemischten Versicherung, die auf solche Weise umgewandelt wird, kommt — wie aus den unten entwickelten Formeln klar hervorgeht — einmal ein Zeitpunkt, in welchem die künftig zu zahlende ermäßigte Prämie den Wert Null annimmt.

Bei einer Umwandlung in diesem Moment erweist sich also die neue Versicherung als prämienfrei; die Reserve in diesem Zeitpunkt ist bereits so groß geworden, daß sie für die billigere Versicherungsart allein völlig ausreicht, die kommenden Verpflichtungen zu decken, so daß es weiterer Prämien nicht mehr bedarf.

Soll die neue Prämie P' nur für den Rest der ursprünglich in Aussicht genommenen Versicherungsdauer bezahlt werden, so gilt die Gleichung:

$${}_mV(P_{x\overline{n}|}) \cdot S_1 = A_{x+m} \cdot S_1 - P' \cdot \mathbf{a}_{x+m\,\overline{n-m}|} \text{ d. h.}$$

$${}_{n-m}P' = \frac{{}_mV(A_x) - {}_mV(P_{x\overline{n}|})}{\mathbf{a}_{x+m\,\overline{n-m}|}} \cdot S_1 . \quad \text{(II)}$$

Soll die neue Prämie P'' aber lebenslänglich bezahlt werden, was eine weitere Ermäßigung zur Folge hat, so gilt:

$${}_mV(P_{x\overline{n}|}) \cdot S_1 = A_{x+m} \cdot S_1 - P'' \cdot \mathbf{a}_{x+m} \text{ d. h.}$$

$$P'' = \frac{{}_mV(A_x) - {}_mV(P_{x\overline{n}|})}{\mathbf{a}_{x+m}} \cdot S_1 . \qquad \text{(II a)}$$

Anmerkung: Da einerseits die Werte A_{x+m} erst am Ende der Sterbetafel den Wert 1 erreichen, die Werte ${}_mV(P_{x\overline{n}|})$ aber bereits am Ende der ursprünglich in Aussicht genommenen Versicherungsdauer (in unserem Beispiel also mit dem 65. Lebensjahr), so werden beide Werte für ein ganz bestimmtes m einander gleich werden, d. h. der Versicherte erhält bei einer Umwandlung zu diesem Zeitpunkt eine prämienfreie lebenslängliche Todesfallversicherung; erfolgt die Umwandlung noch später, so tritt dazu noch eine Erhöhung der Summe S_1. Dieser Zeitpunkt kann nur auf empirischem Wege gefunden werden; für unser Beispiel ist m etwa 22½ Jahre. Statt der Erhöhung der Versicherungssumme könnte die Gesellschaft auch eine Rente in der Höhe $-P'$ bzw. $-P''$ bis zu dem Zeitpunkt gewähren, in dem die Prämienzahlung ihr Ende finden sollte: im 1. Fall bis zum 65. Lebensjahr, im 2. Fall lebenslänglich.

In der folgenden Zusammenstellung 11 (S. 106) sind diese Verhältnisse im allgemeinen wieder von 5 zu 5 Jahren dargestellt; nur für das kritische Jahrfünft 20—25 ist die Entwicklung jahrweise wiedergegeben; die negativen Werte unter P' bzw. P'' zeigen an, daß die entsprechenden positiven Werte als Rente statt der Summenerhöhung gewährt werden können.

2. Beispiel: Eine andere Art von Umwandlung ist dadurch gegeben, daß die Dauer des Versicherungsschutzes und der Prämienzahlung verlängert, die Höhe der Prämie jedoch beibehalten wird. Eine solche Umwandlung führt in unserem Beispiel stets zu einer Erhöhung der Versicherungssumme. Wird also die gemischte Versicherung unter Beibehaltung der nun lebenslänglich zu zahlenden Prämie in eine lebenslängliche Todesfallversicherung verwandelt, so ergibt sich die neue Versicherungssumme S_3 aus der folgenden Gleichung:

Zusammenstellung 11. Umwandlung der gemischten Versicherung

$x = 35 \quad n = 30 \quad S_1 = 20000$ M. J. P.: 564 M.

in eine lebenslängliche Todesfallversicherung mit gleicher Versicherungssumme.

m	$x+m$	$A_{x+m} \cdot S_1$	$S_1\,{}_mV(P_{x\overline{n}\rvert})$	Diff.	$\mathbf{a}_{x+m\,\overline{n-m}\rvert}$	$\mathbf{a}_{x+m}$	${}_{n-m}P'$	P''
0	35	8019	—	8019	16,118	17,715	497,52	452,67
5	40	8872	2065	6807	14,454	16,454	470,14	413,70
10	45	9813	4455	5358	12,528	15,062	427,68	355,73
15	50	10857	7265	3592	10,263	13,518	350,00	265,72
20	55	11958	10573	1385	7,598	11,890	182,28	116,48
21	56	12181	11309	872	7,004	11,561	124,80	75,62
22	57	12404	12077	327	6,385	11,232	51,21	29,11
23	58	12627	12880	— 253	5,738	10,902	— 44,09	— 23,21
24	59	12849	13722	— 873	5,060	10,574	— 172,53	— 82,56
25	60	13071	14609	— 1538	4,344	10,245	— 354,05	— 150,12
30	63	14169	20000	— 5831	—	8,621	—	— 676,37

$${}_mV(P_{x\overline{n}\rvert}) \cdot S_1 = A_{x+m} \cdot S_3 - P_{x\overline{n}\rvert} \cdot S_1 \cdot \mathbf{a}_{x+m} \text{ d. h.}$$

$$S_3 = \frac{A_{x+m\,\overline{n-m}\rvert} - P_{x\overline{n}\rvert} \cdot \mathbf{a}_{x+m\,\overline{n-m}\rvert} + P_{x\overline{n}\rvert} \cdot \mathbf{a}_{x+m}}{A_{x+m}} \cdot S_1$$

$$S_3 = \frac{A_{x+m\,\overline{n-m}\rvert} + {}_{n-m\rvert}\mathbf{a}_{x+m} \cdot P_{x\overline{n}\rvert}}{A_{x+m}} \cdot S_1 . \qquad \text{(III)}$$

Da $A_{x+m\,\overline{n-m}\rvert}$ stets größer ist als A_{x+m}, ist der 1. Teil von S_3 bereits größer als S_1; hinzu kommt noch die Erhöhung, die aus der Fortsetzung der Prämienzahlung über die ursprünglich in Aussicht genommene Dauer hinaus stammt.

Führt man für unser Beispiel auch in diesem Fall die Berechnungen durch, so kommt man zu folgenden Ergebnissen:

Zusammenstellung 12. Umwandlung der gemischten Versicherung:

$x = 35 \quad n = 30 \quad S_1 = 20000$ M. J. P: 564 M.

in eine lebenslängliche Todesfallversicherung mit gleicher Jahresprämie.

m	$x+m$	${}_mV(P_{x\overline{n}\rceil})\,S_1$	$S_1 \cdot P_{x\overline{n}\rceil} \cdot \mathfrak{a}_{x+m}$	Summe	A_{x+m}	S_3	$(S_3-S_1):S_1$
0	35	—	—	—	—	—	—
5	40	2065	9288	11353	0,4436	25594	0,2797
10	45	4455	8502	12957	0,4907	26407	0,3204
15	50	7265	7631	14896	0,5429	27440	0,3720
20	55	10573	6712	17285	0,5979	28908	0,4454
25	60	14609	5783	20392	0,6535	31202	0,5601

Die letzte Spalte gibt die relative Erhöhung der Versicherungssumme.

d) Umwandlung einer gemischten Versicherung in eine lebenslängliche Leibrente.

Beispiel: Jemand hatte mit 40 Jahren gegen Einmalprämie auf die Summe von 30000 M. eine gemischte Versicherung mit dem Endalter 65 genommen. Nach 20 Jahren beantragt er die Umwandlung dieser Versicherung in eine sofort beginnende vorschüssige lebenslängliche Leibrente. Wie hoch ist diese Rente zu bemessen?

$x = 40 \quad n = 25 \quad x + n = 65 \quad S = 30000$ M. (Tab. 10 u. 14).

$A_{40\overline{25}\rceil} \cdot S = 0{,}5112 \cdot 30000$ M. $= 15336$ M. (Einmalprämie)

$m = 20 \quad x + m = 60$

$A_{60\overline{5}\rceil} \cdot S = 0{,}8531 \cdot 30000$ M. $= 25593$ M. (Reserve)

Diese Reserve gilt nun als einmalige Einlage für die Rente R eines 60jährigen: $A_{60\overline{5}\rceil} \cdot S = \mathfrak{a}_{60} \cdot R$; $R = 25593 : 10{,}245 = 2498{,}10$ M.

Der Versicherte kann also bis an sein Lebensende jährlich eine vorschüssige Rente von etwa 2500 M. beziehen.

Allgemein ist die Rente:

$$R = \frac{{}_mV(A_{x\overline{n}\rceil})}{{}_mV(\mathfrak{a}_x)} \cdot S. \qquad \text{(IV)}$$

IV. Kapitel.

Die Kosten als dritte Rechnungsgrundlage.

§ 1. Die Bruttoprämie und ihre Zerlegung.

Wir haben unsere Berechnungen von Prämie und Reserve

bisher ohne Berücksichtigung der bei dem Betrieb der Lebensversicherung entstehenden Kosten vorgenommen. Die so berechneten Prämien und Reserven heißen deshalb „Nettoprämien" und „Nettoreserven". Es ist klar, daß der Versicherte auch für die Kosten, die seine Versicherung verursacht, aufkommen muß. Am einfachsten geschieht dies durch die Erhebung eines gewissen Zuschlags Z zur Nettoprämie P. Die so zu zahlende Bruttoprämie $P' = P + Z$ ist in den Tarifen der Gesellschaften festgelegt: dem Versicherten ist daher fast ausnahmslos die Bruttoprämie bekannt.

Wollen wir diese Bruttoprämie berechnen, so müssen über die Höhe dieser Kosten bestimmte Angaben gemacht werden können.

Wir unterscheiden: einmalige Kosten, die beim Abschluß der Versicherung entstehen, und jährlich wiederkehrende Kosten, die teils durch die Einhebung der Prämie, teils durch die Verwaltung der Versicherung verursacht sind. Man setzt in der Regel die einmaligen Abschlußkosten und die laufenden Verwaltungskosten in Promille der Versicherungssumme und die Einhebekosten in Prozenten der einzuhebenden Bruttoprämie an. Für die Versicherungssumme 1 seien in einem bestimmten Fall folgende Sätze, welche für die ganze Dauer gelten mögen, in Anschlag gebracht:

α für die einmaligen Kosten,

γ für die laufenden Verwaltungskosten und

$\beta \cdot P'$ für die Einhebung der Jahresbruttoprämie;

andere Zuschläge, die zuweilen in der Praxis noch vorkommen (Sicherheitszuschläge usw.), sollen im folgenden außer acht bleiben.

Erweitern wir das Äquivalenzprinzip von Leistung und Gegenleistung auf die durch den Betrieb entstehenden zusätzlichen Leistungen und Gegenleistungen, so ist der Barwert der Bruttoprämien zu Beginn der Versicherung gleich dem Wert der Versicherungsleistung, vermehrt 1. um die einmaligen Auslagen, 2. um den Wert der Verwaltungskosten, 3. um den Wert der Einhebungskosten. Die Bruttoprämie zerfällt somit in 4 Teile: Nettoprämie, Zuschlag für die einmaligen Kosten, Zuschlag für die laufenden Verwaltungskosten und Zuschlag für die Prämieneinhebung. Die Barwerte der einzelnen Posten sind je nach der Art der Versicherung verschieden anzusetzen:

a) Für die lebenslängliche sofort beginnende Todesfallversicherung bei lebenslänglicher Prämienzahlung:

$$P'_x(1-\beta)\cdot \mathbf{a}_x = A_x + \alpha + \gamma \cdot \mathbf{a}_x$$

$$\text{daraus } P'_x = \frac{A_x + \alpha + \gamma \cdot \mathbf{a}_x}{(1-\beta)\cdot \mathbf{a}_x} = \frac{P_x + \gamma + \dfrac{\alpha}{\mathbf{a}_x}}{1-\beta}. \qquad \text{(I a)}$$

b) Für die lebenslängliche sofort beginnende Todesfallversicherung bei abgekürzter Prämienzahlung:

$${}_nP'_x(1-\beta)\cdot \mathbf{a}_{x\overline{n}|} = A_x + \alpha + \gamma \cdot \mathbf{a}_x$$

$$\text{daraus } {}_nP'_x = \frac{A_x + \alpha + \gamma \cdot \mathbf{a}_x}{(1-\beta)\cdot \mathbf{a}_{x\overline{n}|}} = \frac{{}_nP_x + \gamma \cdot \dfrac{\mathbf{a}_x}{\mathbf{a}_{x\overline{n}|}} + \dfrac{\alpha}{\mathbf{a}_{x\overline{n}|}}}{1-\beta}. \qquad \text{(I b)}$$

c) Für die gemischte Versicherung bei jährlicher Prämienzahlung:

$$P'_{x\overline{n}|}(1-\beta)\cdot \mathbf{a}_{x\overline{n}|} = A_{x\overline{n}|} + \alpha + \gamma \cdot \mathbf{a}_{x\overline{n}|}$$

$$\text{daraus } P'_{x\overline{n}|} = \frac{A_{x\overline{n}|} + \alpha + \gamma \cdot \mathbf{a}_{x\overline{n}|}}{(1-\beta)\cdot \mathbf{a}_{x\overline{n}|}} = \frac{P_{x\overline{n}|} + \gamma + \dfrac{\alpha}{\mathbf{a}_{x\overline{n}|}}}{1-\beta}. \qquad \text{(I c)}$$

Von besonderer Bedeutung ist in allen drei Beispielen der Teil $\frac{\alpha}{\mathbf{a}_n}$ bzw. $\frac{\alpha}{\mathbf{a}_{x\overline{n}|}}$ der Bruttoprämie, der dazu bestimmt ist, jährlich, solange überhaupt Prämien zu bezahlen sind, der Versicherungsgesellschaft die beim Abschluß entstandenen einmaligen Kosten α wieder zurückzuerstatten (im folgenden kurz Tilgungsrate genannt). Es ist ferner darauf hinzuweisen, daß im 2. Beispiel der Teil der Bruttoprämie, welcher für laufende Verwaltung zu zahlen ist, nicht γ, wie in den beiden anderen Beispielen, sondern $\gamma \cdot \frac{\mathfrak{a}_x}{\mathfrak{a}_{x\overline{n}|}}$ beträgt; denn nach Beendigung der Prämienzahlung kann nicht etwa für die laufende Verwaltung noch weiterhin gesondert ein Zuschlag erhoben werden. Wir werden bei der Berechnung der zugehörigen Reserve sehen, daß sich in diesem Fall im Laufe der n Jahre von selbst eine gewisse Verwaltungskostenreserve für die späteren Jahre bildet, in welchen zwar keine Prämien mehr bezahlt werden, wohl aber die Verwaltung noch weitere Kosten verursacht.

Zur weiteren Klärung dieser Dinge wollen wir für folgende 9 Beispiele auch ziffernmäßig (absolut und relativ) die Zerlegung der Bruttoprämie in ihre 4 Bestandteile: Nettoprämie, Tilgungsrate, Verwaltungskostenzuschlag und Einhebungszuschlag vornehmen.

1. Lebenslängliche Todesfallversicherung mit lebenslänglicher Prämienzahlung: E. A.: 40, 50, 60;

2. dieselbe Todesfallversicherung mit abgekürzter Prämienzahlung: E. A.: 40, 50, 60, Dauer bzw. 35, 25, 15;

3. die zugehörige gemischte Versicherung: E.-A.: 40, 50, 60, Dauer bzw. 35, 25, 15.

Versicherungssumme 10000 M.

Kostensätze: $\alpha = 35^0/_{00}$ $\beta = 2^0/_0$ $\gamma = 1^0/_{00}$.

Die nach den oben angegebenen Formeln sich ergebenden Resultate sind in den folgenden Zusammenstellungen 13 und 13a vereinigt, die nach dem Eintrittsalter und innerhalb desselben nach den 3 Versicherungsarten angeordnet sind.

Wir können aus der Zusammenstellung 13 entnehmen, daß der Zuschlag, der dazu bestimmt ist, in gleichen Jahresraten die einmaligen Abschlußkosten zu tilgen, nur von der Art, wie die Prämie bezahlt wird, abhängt. Der Zuschlag für die Verwaltung hängt davon ab, ob die Prämie die ganze Versicherungsdauer hindurch zu bezahlen ist oder nicht; im ersteren Fall ist er nämlich von dem Eintrittsalter und der Dauer unabhängig. Der Zuschlag für die Einhebung ist in direkter Abhängigkeit von der Bruttoprämie.

Man sieht, daß die relative Zerlegung der Bruttoprämie in den 3 Versicherungsarten einer Gruppe nicht sehr stark differiert; insbesondere ist die 1. und 2. Art in dieser Hinsicht fast vollständig gleich; die Zunahme, welche sich in der gemischten Versicherung

Zusammenstellung 13.

Zerlegung der Bruttoprämie in ihre Bestandteile (absolute Zahlen).

E. A.	Zahlungsdauer	Art der Vers.	Bruttoprämie M.	Nettoprämie M.	Zuschlag für Abschluß M.	Zuschlag für Verwaltung M.	Zuschlag für Einhebung M.
40	50	lebensl. Tfv. lebensl. Präm.	307,43	270,00	21,28	10,00	6,15
	35	lebensl. Tfv. abg. Prämie	315,53	277,08	21,86	10,28	6,31
	35	gemischte Versicherung	324,35	286,00	21,86	10,00	6,49
50	40	lebensl. Tfv. lebensl. Präm.	446,83	402,00	25,89	10,00	8,94
	25	lebensl. Tfv. abg. Prämie	471,47	424,14	27,34	10,56	9,43
	25	gemischte Versicherung	490,14	443,00	27,34	10,00	9,80
60	30	lebensl. Tfv. lebensl. Präm.	696,10	638,00	34,18	10,00	13,92
	15	lebensl. Tfv. abg. Prämie	796,65	730,17	39,11	11,44	15,93
	15	gemischte Versicherung	845,01	779,00	39,11	10,00	16,90

Zusammenstellung 13a.

Zerlegung der Bruttoprämie in ihre Bestandteile (relative Zahlen).

E.-A.	Z.-D.	Bruttoprämie	Nettoprämie	Zuschlag für Abschluß	Zuschlag für Verwaltg.	Zuschlag für Einhebg.
40	50	100,00%	87,83%	6,92%	3,25%	2,00%
	35	100,00%	87,82%	6,93%	3,25%	2,00%
	35	100,00%	88,18%	6,74%	3,08%	2,00%
50	40	100,00%	89,97%	5,79%	2,24%	2,00%
	25	100,00%	89,96%	5,80%	2,24%	2,00%
	25	100,00%	90,38%	5,58%	2,04%	2,00%
60	30	100,00%	91,65%	4,91%	1,44%	2,00%
	15	100,00%	91,66%	4,90%	1,44%	2,00%
	15	100,00%	92,19%	4,63%	1,18%	2,00%

gegenüber den beiden lebenslänglichen Versicherungen bei der Nettoprämie zeigt, hat etwa eine halb so große Abnahme bei den beiden nächsten Posten zur Folge; z. B. stehen in Gruppe 60 einer relativen Zunahme von 92,19 — 91,65 = 0,54 bei der Nettoprämie die relativen Abnahmen 4,91 — 4,63 = 0,28 beim Zuschlag für den Abschluß und 1,44 — 1,18 = 0,26 beim Zuschlag für die Verwaltung gegenüber; der Zuschlag für Einhebung ist nach Voraussetzung stets 2% der Bruttoprämie.

§ 2. Die Bruttoreserve.

Soll nun in einem bestimmten Zeitpunkt der Versicherung die Bruttoreserve, d. h. die Reserve unter Berücksichtigung der beim Betrieb der Versicherung notwendigerweise entstehenden Unkosten bestimmt werden, so geschieht dies ebenso wie bei der Bestimmung der Bruttoprämie durch die Ausdehnung des Prinzips der Gleichheit von Leistung und Gegenleistung auf die zusätzlichen Zahlungen, welche durch jene Kosten bedingt sind. Es ist allgemein die Bruttoreserve, vermehrt um den Wert der noch ausstehenden Bruttoprämien, gleich dem Wert der Versicherung am Reservetag, vermehrt um den Wert der noch entstehenden Verwaltungs- und Einhebungskosten. Für die im vorhergehenden behandelten drei Versicherungsarten ergibt sich die folgende Entwicklung:

a) Die sofort beginnende lebenslängliche Todesfallversicherung mit lebenslänglicher Prämienzahlung:

$$ {}_mV(P'_x) + P'_x \cdot \mathbf{a}_{x+m} = A_{x+m} + \gamma \cdot \mathbf{a}_{x+m} + \beta \cdot P'_x \cdot \mathbf{a}_{x+m} . $$

Bedenkt man, daß $P_x \cdot (1-\beta) = P_x + \frac{\alpha}{\mathbf{a}_x} + \gamma$, so erhalten wir für die Bruttoreserve den Ausdruck:

$$ {}_mV(P_x) = A_{x+m} - P_x \cdot \mathbf{a}_{x+m} - \alpha \cdot \frac{\mathbf{a}_{x+m}}{\mathbf{a}_x} = {}_mV(P_x) - \alpha \cdot \frac{\mathbf{a}_{x+m}}{\mathbf{a}_x} . $$

Es gilt also der folgende Satz:

„Die Bruttoreserve ist um den Barwert der noch ausstehenden Tilgungsraten (für die von der Gesellschaft dem Versicherten vorgeschossenen ersten Abschlußkosten) kleiner als die entsprechende Nettoreserve.“

Die ebenfalls noch ausstehenden Zuschläge für Verwaltung und Einhebung sind in der Reserve nicht zu berücksichtigen, da sie jährlich eingezahlt und voraussetzungsgemäß in der gleichen Höhe wieder verbraucht werden.

Führen wir für die Nettoreserve noch ihren Wert: ${}_mV(P_x) = 1 - \frac{\mathbf{a}_{x+m}}{\mathbf{a}_x}$ ein, so erhalten wir für die Bruttoreserve den folgenden besonders einfach zu berechnenden Ausdruck:

$$
\begin{aligned}
{}_mV(P'_x) &= 1 - \frac{\mathbf{a}_{x+m}}{\mathbf{a}_x}(1+\alpha) = {}_mV(P_x)(1+\alpha) - \alpha \\
&= {}_mV(P_x) - \alpha(1 - {}_mV(P_x)). \qquad \text{(IIa)}
\end{aligned}
$$

Man erhält demnach die Bruttoreserve, indem man die Nettoreserve für die Versicherungssumme $1+\alpha$ um α vermindert oder: indem man die Nettoreserve um den noch unter Risiko stehenden Teil der einmaligen Kosten (gleich dem Wert $\alpha \frac{\mathbf{a}_{x+m}}{\mathbf{a}_x}$ der noch ausstehenden Tilgungsraten) vermindert.

b) Die sofort beginnende lebenslängliche Todesfallversicherung mit abgekürzter Prämienzahlung:

$$
\begin{aligned}
{}_mV({}_nP'_x) + {}_nP'_x \cdot \mathbf{a}_{x+m\,\overline{n-m}|} \\
= A_{x+m} + \gamma \cdot \mathbf{a}_{x+m} + \beta \cdot {}_nP'_x \cdot \mathbf{a}_{x+m\,\overline{n-m}|}.
\end{aligned}
$$

Setzt man hier für die Bruttoprämie abzüglich des Einhebungszuschlags den Wert $(1-\beta)_nP'_x = {}_nP_x + \gamma \cdot \frac{\mathbf{a}_x}{\mathbf{a}_{x\overline{n}|}} + \frac{\alpha}{\mathbf{a}_{x\overline{n}|}}$ ein, so erhält man

$$
\begin{aligned}
{}_mV({}_nP'_x) &= A_{x+m} - {}_nP_x \cdot \mathbf{a}_{x+m\,\overline{n-m}|} \\
&\quad - \alpha \cdot \frac{\mathbf{a}_{x+m\,\overline{n-m}|}}{\mathbf{a}_{x\overline{n}|}} + \gamma \cdot \left(\mathbf{a}_{x+m} - \frac{\mathbf{a}_x}{\mathbf{a}_{x\overline{n}|}} \cdot \mathbf{a}_{x+m\,\overline{n-m}|}\right). \qquad \text{(IIb)}
\end{aligned}
$$

Das Zusatzglied $\gamma \cdot \left(\mathbf{a}_{x+m} - \frac{\mathbf{a}_{x+m\,\overline{n-m}|}}{\mathbf{a}_{x\overline{n}|}} \cdot \mathbf{a}_x\right)$ stellt die Verwaltungskostenreserve dar, welche in dem Fall, daß die Prämienzahlungsdauer nicht mit der Versicherungsdauer übereinstimmt, noch neben der Nettoreserve — diese vermindert um den Wert der Tilgungsraten — zu legen ist; sie ist die Differenz aus dem Wert $\gamma \cdot \mathbf{a}_{x+m}$ der künftig noch entstehenden Verwaltungskosten und dem Wert $\gamma \frac{\mathbf{a}_x}{\mathbf{a}_{x\overline{n}|}} \cdot \mathbf{a}_{x+m\,\overline{n-m}|}$ der noch eingehenden Verwaltungskostenzuschläge.

Es gilt also für diese 2. Versicherungsart der Satz: „Die um die Verwaltungskostenreserve verminderte Bruttoreserve ist gleich der um den Wert der noch ausstehenden Tilgungsraten verminderten entsprechenden Nettoreserve."

c) Die gemischte Versicherung:

$$_mV(P'_{x\overline{n}|}) + P'_{x\overline{n}|} \cdot \mathbf{a}_{x+m\,\overline{n-m}|}$$
$$= A_{x+m\,\overline{n-m}|} + \gamma \cdot \mathbf{a}_{x+m\,\overline{n-m}|} + \beta \cdot P'_{x\overline{n}|} \cdot \mathbf{a}_{x+m\,\overline{n-m}|}.$$

Da aber $P'_{x\overline{n}|} \cdot (1-\beta) = P_{x\overline{n}|} + \gamma + \frac{\alpha}{\mathbf{a}_{x\overline{n}|}}$ ist, erhält man ähnlich wie bei der 1. Versicherungsart:

$$_mV(P'_{x\overline{n}|}) = A_{x+m\,\overline{n-m}|} - P_{x\overline{n}|} \cdot \mathbf{a}_{x+m\,\overline{n-m}|} - \alpha \cdot \frac{\mathbf{a}_{x+m\,\overline{n-m}|}}{\mathbf{a}_{x\overline{n}|}}$$
$$= {}_mV(P_{x\overline{n}|}) - \alpha \cdot \frac{\mathbf{a}_{x+m\,\overline{n-m}|}}{\mathbf{a}_{x\overline{n}|}} = {}_mV(P_{x\overline{n}|}) - \alpha(1 - {}_mV(P_{x\overline{n}|})).$$

Es gilt also der Satz:

„Die Bruttoreserve der gemischten Versicherung ist um den Wert der noch ausstehenden Tilgungsraten oder um den noch unter Risiko stehenden Teil der einmaligen Kosten kleiner als die entsprechende Nettoreserve."

Nun ist aber $_mV(P_{x\overline{n}|}) = 1 - \frac{\mathbf{a}_{x+m\,\overline{n-m}|}}{\mathbf{a}_{x\overline{n}|}}$; es ergibt sich also — genauso wie bei der lebenslänglichen Todesfallversicherung mit lebenslänglicher Prämienzahlung:

$$_mV(P'_{x\overline{n}|}) = (1+\alpha) \cdot {}_mV(P_{x\overline{n}|}) - \alpha, \qquad \text{(II c)}$$

d. h. „Man erhält die Bruttoreserve der gemischten Versicherung, indem man von der entsprechenden Nettoreserve für die Summe $1+\alpha$ die einmaligen Abschlußkosten α abzieht."

Um den Einfluß, den die Kosten auf die Reserve ausüben, auch numerisch zu zeigen, wollen wir für unsere 9 Beispiele von § 1 Netto- und Bruttoreserve (für den Fall 2 auch die Verwaltungskostenreserve) von 5 zu 5 Jahren etwa bis zum Alter 70 berechnen. Bei der 1. und 3. Art verwenden wir die einfache Formel:
$_mV(P') = {_mV}(P) \cdot (1 + \alpha) - \alpha$

mit $_mV(P_x) = 1 - \frac{\mathbf{a}_{x+m}}{\mathbf{a}_x}$ bzw. $_mV(P_{x\overline{n}|}) = 1 - \frac{\mathbf{a}_{x+m\,\overline{n-m}|}}{\mathbf{a}_{x\overline{n}|}}$;

bei der 2. Art müssen wir die Nettoreserve nach der Formel $_mV({_nP_x}) = A_{x+m} - {_nP_x} \cdot \mathbf{a}_{x+m\,\overline{n-m}}$ und die Verwaltungskostenreserve mittels der Formel: $\gamma \cdot \left(\mathbf{a}_{x+m} - \mathbf{a}_x \cdot \frac{\mathbf{a}_{x+m\,\overline{n-m}}}{\mathbf{a}_{x\overline{n}|}}\right)$ berechnen; die Verkürzung der Nettoreserve um den Wert der Tilgungsraten, also um $\alpha \cdot \frac{\mathbf{a}_{x+m\,\overline{n-m}|}}{\mathbf{a}_{x\overline{n}|}}$, ist dieselbe wie bei der 3. Art. Die Ergebnisse dieser umfangreichen Rechnungen sind folgende:

Zusammenstellungen 14, 15 und 16.

Netto- und Bruttoreserven.

Zu a) Lebenslängliche Todesfallversicherung, lebenslängliche Prämien.

E. A.	Dauer	Res. n. Jahren	5	10	15	20	25	30
			M.	M.	M.	M.	M.	M.
40	50	Nettoreserve....	844	1780	2772	3774	4759	5714
		Bruttoreserve...	523	1492	2519	3556	4576	5564
		Unterschied.....	321	288	253	218	183	150
50	40	Nettoreserve....	1201	2422	3621	4783		
		Bruttoreserve...	893	2157	3398	4601		
		Unterschied.....	308	265	223	182		
60	50	Nettoreserve....	1587	3119				
		Bruttoreserve...	1292	2878				
		Unterschied.....	295	241				

Zu b) Lebenslängliche Todesfallversicherung, abgekürzte Prämien.

E. A.	Dauer	Res. n. Jahren	5	10	15	20	25	30
			M.	M.	M.	M.	M.	M.
40	35	Nettoreserve....	889	1882	2945	4055	5220	6501
		Kürzung	—317	—280	—239	—195	—147	—88
		Br.-R. ohne VWR	572	1602	2706	3860	5073	6413
		Verw.k.reserve ..	+2	+4	+6	+11	+17	+29
		Bruttoreserve ...	574	1606	2712	3871	5090	6442
50	25	Nettoreserve....	1335	2739	4231	5910		
		Kürzung	—299	—245	—184	—110		
		Br.-R.ohneVWR	1036	2494	4047	5800		
		Verw.k.reserve ..	+3	+8	+15	+28		
		Bruttoreserve ...	1039	2502	4062	5828		
60	15	Nettoreserve....	2171	4680				
		Kürzung	—263	—157				
		Br.-R.ohneVWR	1908	4523				
		Verw.k.reserve ..	+9	+24				
		Bruttoreserve ...	1917	4547				

(Fortsetzung S. 117)

In allen drei Fällen erreichen Netto- und Bruttoreserve am Ende der Versicherung die Höhe der Versicherungssumme. Die Verwaltungskostenreserve bei der zweiten Art hat meist einen sehr geringen Wert. Der Hauptposten, um den die Nettoreserve bei Berücksichtigung der Kosten gekürzt werden kann, ist der Wert der noch ausstehenden Tilgungsraten oder der noch unter Risiko stehende Teil der ersten Kosten.

d) Allgemeine Bemerkungen über das „Zillmern":

Vom versicherungstechnischen Standpunkt aus ist gegen eine derartige Kürzung der Reserve absolut nichts einzuwenden, da diese Tilgungsraten mit derselben Wahrschein-

Zu c) Gemischte Versicherung.

E. A.	Dauer	Res. n. Jahren	5	10	15	20	25	30
			M.	M.	M.	M.	M.	M.
40	35	Nettoreserve....	952	2013	3167	4415	5801	7492
		Bruttoreserve ...	635	1733	2928	4220	5654	7404
		Unterschied.....	317	280	239	195	147	88
50	25	Nettoreserve....	1448	3010	4744	6860		
		Bruttoreserve ...	1149	2765	4560	6750		
		Unterschied.....	299	245	184	110		
60	15	Nettoreserve....	2476	5505				
		Bruttoreserve ...	2213	5348				
		Unterschied.....	263	157				

lichkeit wie die übrigen Bestandteile der Bruttoprämie eingehen. Eine solche Kürzung bedeutet außerdem praktisch eine erhebliche Entlastung der Bilanz, ist also ein großer Vorteil besonders für jüngere Gesellschaften, welche einerseits durch intensive Werbetätigkeit ein lebhaftes Neugeschäft in die Wege leiten, andererseits aber nicht über genügende Mittel verfügen, um die dabei entstehenden erheblichen ersten Kosten daraus decken zu können. Sind die übrigen Grundlagen einer solchen Gesellschaft einwandfrei, so können theoretisch auch erhebliche Beträge von α vertreten werden. Aus verschiedenen Gründen sah sich jedoch der deutsche Gesetzgeber veranlaßt, für α ein bestimmtes Maximum vorzuschreiben, welches früher auf $12^1/_2{}^0/_{00}$ der Versicherungssumme angesetzt war; es hatte sich jedoch gezeigt, daß sehr wenige Gesellschaften damit auskommen können. Als Normalsatz gilt gegenwärtig der Satz von 30—$35^0/_{00}$; jede Festsetzung von α bedarf jedoch der Genehmigung der Aufsichtsbehörde, welche darauf dringt, daß jener Satz von $35^0/_{00}$ bei der Kürzung der Nettoreserve nicht überschritten wird.

Diesen Vorgang der Kürzung der Nettoreserve um den Wert der noch ausstehenden Tilgungsraten nennt man „Zillmern", in Erinnerung an den Versicherungsmathematiker Dr. A. Zillmer, der über diese Fragen bahnbrechende Arbeiten veröffentlichte.

Zillmer machte u. a. auch den Vorschlag als Höchstwert denjenigen Wert von α zu wählen, bei welchem die Bruttoreserve des 1. Versicherungsjahres Null ist.

Theoretisch ist zwar auch gegen negative Prämienreserven nichts einzuwenden[1]; eine solche negative Reserve stellt eine Schuld des Versicherten gegen die Gesellschaft dar, welche der Versicherte im Laufe der Versicherung zurückzuzahlen hat. Sind z. B. die Abschlußkosten erheblich, so ist bei gewissen Versicherungsarten nach Ablauf des 1., bisweilen auch noch des 2. Versicherungsjahres der Wert der noch ausstehenden Bruttoprämien größer als der Wert der Versicherung. Würde in einem solchen Fall der Versicherte in dieser Zeit von seinem Vertrag zurücktreten wollen, so würde er — statt von der Gesellschaft einen Rückkaufswert zu bekommen — im Gegenteil erst noch seine Schuld an dieselbe, d. h. den Unterschied zwischen dem Wert der Bruttoprämien und dem Wert der Versicherung, im wesentlichen also die noch nicht getilgten Kosten des Abschlusses seiner Versicherung, begleichen müssen, bevor sein Vertrag von seiten der Gesellschaft gelöst werden kann. Da dies offensichtlich aber zu Unzuträglichkeiten führen würde, machte Zillmer den Vorschlag, als höchsten Wert $\bar{\alpha}$ für α denjenigen zu nehmen, bei welchem sich für die Bruttoreserve des 1. Jahres der Wert Null ergibt.

§ 3. Die „$x+1$"-Methode und die Umrechnung der Bruttoreserve bei einer Änderung des Zillmersatzes.

1. Die „$x+1$"-Methode.

Stellt man sich also auf den Standpunkt, daß negative Bruttoreserven grundsätzlich zu vermeiden sind, so lautet

[1] Z. B. S. 125 Zusammenstellung 20: $m = 1$, $\beta' = 40‰$.

die Bedingung für das Maximum $\overline{\alpha}$ des für erste Abschlußkosten anzurechnenden Betrags α folgend: $_1\overline{V(P')} = 0$. Mit ——— sei im folgenden stets die aus der $x+1$-Methode sich ergebende Bruttoreserve bezeichnet. Aus der Bedingung, daß die Bruttoreserve am Schlusse des 1. Jahres Null sei, ergibt sich für jede Versicherung ein ganz bestimmter Wert $\overline{\alpha}$ von α, welcher von x und von n abhängt. Für die lebenslängliche und die gemischte Versicherung bestimmt sich $\overline{\alpha}$ folgendermaßen:

a) Die lebenslängliche Todesfallversicherung mit lebenslänglicher Prämienzahlung.

$$_1\overline{V(P'_x)} = 1 - \frac{\mathbf{a}_{x+1}}{\mathbf{a}_x}(1+\overline{\alpha}) = 0, \text{ d. h. } 1+\overline{\alpha} = \frac{\mathbf{a}_x}{\mathbf{a}_{x+1}}$$

$$\text{oder } \overline{\alpha} = \frac{\mathbf{a}_x}{\mathbf{a}_{x+1}} - 1\,. \qquad \text{(III a)}$$

Setzen wir diesen Wert in die Formel $_m\overline{V(P'_x)} = 1 - \frac{\mathbf{a}_{x+m}}{\mathbf{a}_x}(1+\overline{\alpha})$ ein, so erhalten wir:

$$_m\overline{V(P'_x)} = 1 - \frac{\mathbf{a}_{x+m}}{\mathbf{a}_{x+1}}\,. \qquad \text{(IV a)}$$

Um die Bruttoreserve nach der $x+1$-Methode zu erhalten, ist also in der Formel für die Nettoreserve: $_mV(P_x) = 1 - \frac{\mathbf{a}_{x+m}}{\mathbf{a}_x}$ im Nenner $\mathbf{a}_x$ durch $\mathbf{a}_{x+1}$ zu ersetzen.

Beachten wir, daß einerseits die Nettoreserve auch in der Form: $_mV(P_x) = A_{x+m} - P_x \cdot \mathbf{a}_{x+m} = (P_{x+m} - P_x) \cdot \mathbf{a}_{x+m}$ geschrieben werden kann — wobei $P_{x+m} = \frac{A_{x+m}}{\mathbf{a}_{x+m}} = \frac{1}{\mathbf{a}_{x+m}} - d$ die Nettoprämie eines am Reservetag neu Eintretenden bedeutet — und daß andererseits in unserem jetzigen Falle

$$\overline{\alpha} = \frac{\mathbf{a}_x}{\mathbf{a}_{x+1}} - 1 = \mathbf{a}_x \cdot \left(\frac{1}{\mathbf{a}_{x+1}} - \frac{1}{\mathbf{a}_x}\right) = \mathbf{a}_x \cdot (P_{x+1} - P_x), \qquad \text{(III a')}$$

daher also die Kürzung $\overline{{}_mK}$ der Nettoreserve

$$\overline{\alpha} \cdot \frac{\mathbf{a}_{x+m}}{\mathbf{a}_x} = (P_{x+1} - P_x) \cdot \mathbf{a}_{x+m} = {}_mV(P_x) - \overline{{}_mV(P'_x)} = \overline{{}_mK}$$

ist, so erhält man für die Bruttoreserve der $x + 1$-Methode die einfache Formel:

$$\overline{{}_mV(P'_x)} = {}_mV(P_x) - \overline{\alpha} \cdot \frac{\mathbf{a}_{x+m}}{\mathbf{a}_x} = (P_{x+m} - P_{x+1}) \cdot \mathbf{a}_{x+m}. \quad \text{(IV a')}$$

Es ist also in der Formel für die Nettoreserve — ähnlich wie oben — wo man $\mathbf{a}_x$ durch $\mathbf{a}_{x+1}$ ersetzte, hier P_x durch P_{x+1} zu ersetzen, um die Bruttoreserve zu erhalten. In beiden Formen tritt ganz klar zutage, daß die Bedingung: Bruttoreserve des 1. Jahres gleich Null sicher erfüllt ist. Man nennt diese Methode, die Bruttoreserve gemäß dieser Bedingung zu bestimmen, also mit Recht die „$x + 1$"-Methode.

b) Für die andere Art der lebenslänglichen Todesfallversicherung, bei der die Prämien nur n Jahre bezahlt werden, gestalten sich die Formeln bedeutend umfangreicher und unübersichtlicher, da noch die Verwaltungskostenreserve zu berücksichtigen ist; wir wollen darauf hier nicht näher eingehen, sondern dem fortgeschrittenen Leser die nötigen Entwicklungen für die „$x + 1$"-Methode überlassen.

c) Die gemischte Versicherung.

Hier wiederholt sich die ganze Entwicklung unter 1. fast wörtlich; nur sind an die Stelle der lebenslänglichen Leibrenten bzw. Prämien die temporären Leibrenten bzw. die jährlichen Prämien für die gemischte Versicherung zu setzen.

$$\overline{{}_1V(P'_{x\overline{n}|})} = 1 - \frac{\mathbf{a}_{x+1\,\overline{n-1}|}}{\mathbf{a}_{x\overline{n}|}} (1 + \overline{\alpha}) = 0;$$

$$1 + \overline{\alpha} = \frac{\mathbf{a}_{x\overline{n}|}}{\mathbf{a}_{x+1\,\overline{n-1}|}}; \quad \overline{\alpha} = \frac{\mathbf{a}_{x\overline{n}|}}{\mathbf{a}_{x+1\,\overline{n-1}|}} - 1 \quad \text{(III c)}$$

$$\overline{{}_mV(P'_{x\overline{n}|})} = 1 - \frac{\mathbf{a}_{x+m\,\overline{n-m}|}}{\mathbf{a}_{x\overline{n}|}} (1 + \overline{\alpha}) = 1 - \frac{\mathbf{a}_{x+m\,\overline{n-m}|}}{\mathbf{a}_{x+1\,\overline{n-1}|}}. \quad \text{(IV c)}$$

Es ist also, ähnlich wie im Falle 1, in der Formel für die Nettoreserve: ${}_mV(P_{x\overline{n}|}) = 1 - \frac{\mathbf{a}_{x+m\,\overline{n-m}|}}{\mathbf{a}_{x\overline{n}|}}$ im Nenner $\mathbf{a}_{x\overline{n}|}$ durch $\mathbf{a}_{x+1\,\overline{n-1}|}$ zu ersetzen.

Weiter ist einerseits

$${}_mV(P_{x\overline{n}|}) = (P_{x+m\,\overline{n-m}|} - P_{x\overline{n}|}) \cdot \mathbf{a}_{x+m\,\overline{n-m}|},$$

wo $P_{x+m\,\overline{n-m}|}$ die Nettoprämie eines am Reservetag neu in die Versicherung (gemischte Versicherung eines $x+m$-Jährigen auf die Dauer $n-m$) Eintretenden bedeutet; andererseits gilt auch

$$\alpha = \left(\frac{1}{\mathbf{a}_{x+1\,\overline{n-1}|}} - \frac{1}{\mathbf{a}_{x\overline{n}|}}\right) \cdot \mathbf{a}_{x\overline{n}|} = (P_{x+1\,\overline{n-1}|} - P_{x\overline{n}|}) \cdot \mathbf{a}_{x\overline{n}|}, \quad \text{(III c')}$$

also für die Kürzung ${}_m\overline{K}$ der Nettoreserve

$$\overline{\alpha} \cdot \frac{\mathbf{a}_{x+m\,\overline{n-m}|}}{\mathbf{a}_{x\overline{n}|}} = (P_{x+1\,\overline{n-1}|} - P_{x\overline{n}|}) \cdot \mathbf{a}_{x+m\,\overline{n-m}|}$$

$$= {}_mV(P_{x\overline{n}|}) - {}_m\overline{V}(P'_{x\overline{n}|}) = {}_m\overline{K}, \quad \text{(IV c')}$$

so daß sich die Bruttoreserve der $x+1$-Methode

$${}_m\overline{V}(P'_{x\overline{n}|}) = (P_{x+m\,\overline{n-m}|} - P_{x+1\,\overline{n-1}|}) \cdot \mathbf{a}_{x+m\,\overline{n-m}|}$$

aus der Nettoreserve

$${}_mV(P_{x\overline{n}|}) = (P_{x+m\,\overline{n-m}|} - P_{x\overline{n}|}) \cdot \mathbf{a}_{x+m\,\overline{n-m}|}$$

ergibt, indem man $P_{x\overline{n}|}$ durch $P_{x+1\,\overline{n-1}|}$ ersetzt.

Wir wollen nun für dieselben Beispiele wie in §§ 1, 2, aber mit Auslassung der zweiten Versicherungsart (lebenslängliche Todesfallversicherung mit abgekürzter Prämienzahlung), zunächst die aus der $x+1$-Methode sich ergebenden Höchstwerte $\overline{\alpha}$ von α bestimmen und den Einfluß dieser Methode auf die Höhe der Bruttoreserve untersuchen. Wir berechnen $\overline{\alpha}$ nach der Formel:

$$\overline{\alpha} = \frac{\mathbf{a}_x}{\mathbf{a}_{x+1}} - 1 \quad \text{bzw.} \quad \overline{\alpha} = \frac{\mathbf{a}_{x\overline{n}|}}{\mathbf{a}_{x+1\,\overline{n-1}|}} - 1\,.$$

Wir erhalten für die beiden Versicherungsarten in den einzelnen Gruppen die folgenden Höchstwerte:

E. A. 40:	l. l. T. f. v.: $\overline{\alpha}$ = 16,6‰	g. Vers.-Dauer	35:	$\overline{\alpha}$ = 18,4‰
50:	= 24,4‰		25:	= 28,9‰
60:	= 32,7‰		15:	= 49,2‰

In den folgenden Zusammenstellungen 17 und 18 geben wir die Ergebnisse der umfangreichen Berechnungen der zu diesen Werten von $\bar{\alpha}$ gehörigen Bruttoreserven II der $x+1$-Methode und stellen sie den mit $\alpha = 35^0/_{00}$ gerechneten Bruttoreserven I aus § 2 gegenüber:

Zusammenstellungen 17 und 18.

Bruttoreserven der $x+1$-Methode.

Zu a) Lebenslängliche Todesfallversicherung (lebenslängliche Prämien):

Eintrittsalter	Vers.-jahr	Nettoreserven M.	Bruttoreserve I M.	Bruttoreserve II M.	Kürzung I an der Nettoreserve M.	Kürzung II an der Nettoreserve M.
$x = 40$	$m = 5$	844	$(35^0/_{00})$ 523	$(16{,}6^0/_{00})$ 692	$(35^0/_{00})$ 321	$(16{,}6^0/_{00})$ 152
	$m = 10$	1780	„ 1492	„ 1644	„ 288	„ 136
	$m = 15$	2772	„ 2519	„ 2652	„ 253	„ 120
	$m = 20$	3774	„ 3556	„ 3671	„ 218	„ 103
	$m = 25$	4759	„ 4576	„ 4672	„ 183	„ 87
	$m = 30$	5714	„ 5564	„ 5643	„ 150	„ 71
$x = 50$	$m = 5$	1201	$(35^0/_{00})$ 893	$(24{,}4^0/_{00})$ 986	„ 308	$(24{,}4^0/_{00})$ 215
	$m = 10$	2422	„ 2157	„ 2237	„ 265	„ 185
	$m = 15$	3621	„ 3398	„ 3465	„ 223	„ 156
	$m = 20$	4783	„ 4601	„ 4656	„ 182	„ 127
$x = 60$	$m = 5$	1587	$(35^0/_{00})$1292	$(32{,}7^0/_{00})$ 1312	„ 295	$(32{,}7^0/_{00})$ 275
	$m = 10$	3119	„ 2878	„ 2894	„ 241	„ 225

Zu b) Lebenslängliche Todesfallversicherung (abgekürzte Prämien): entfällt!

(Fortsetzung S. 123!)

d) Die Zillmersätze nach der $x+1$-Methode.

Die Zillmersätze, welche sich aus der $x+1$-Methode für unsere Beispiele ergeben, sind allgemein erheblich kleiner als der Satz $35^0/_{00}$; erst für das hohe Eintrittsalter $x = 60$ kommen wir ihm bei der l. l. Todesfallversicherung nahe; für dasselbe Eintrittsalter $x = 60$ und die geringe Dauer $n = 15$ übersteigt der Zillmersatz die gesetzliche Grenze. Dasselbe gilt für die an der Nettoreserve vorzunehmenden Kürzungen, welche bei gleichem x, n, m proportional dem entsprechenden $\bar{\alpha}$ sind.

Wir wollen bei dieser Gelegenheit noch die Zillmersätze $\bar{\alpha}$, welche sich aus der $x+1$-Methode für die gemischte Versicherung ergeben,

Zu c) Gemischte Versicherung (jährliche Prämien).

Eintritts-alter	Dauer	Vers. jahr	Netto-reserve M.	Brutto-reserve I M.	Brutto-reserve II M.	Kürzung I an der Nettoreserve M.	Kürzung II an der Nettoreserve M.
$x = 40$	$n = 35$	$m = 5$	952	(35‰) 635	(18,4‰) 786	(35‰) 317	(18,4‰) 166
		$m = 10$	2013	„ 1733	„ 1866	„ 280	„ 147
		$m = 15$	3167	„ 2928	„ 3041	„ 239	„ 126
		$m = 20$	4415	„ 4220	„ 4312	„ 195	„ 103
		$m = 25$	5801	„ 5654	„ 5724	„ 147	„ 77
		$m = 30$	7492	„ 7404	„ 7446	„ 88	„ 46
$x = 50$	$n = 25$	$m = 5$	1448	(35‰) 1149	(28,9‰) 1201	„ 299	(28,9‰) 247
		$m = 10$	3010	„ 2765	„ 2808	„ 245	„ 202
		$m = 15$	4744	„ 4560	„ 4592	„ 184	„ 152
		$m = 20$	6860	„ 6750	„ 6769	„ 110	„ 91
$x = 60$	$n = 15$	$m = 5$	2476	(35‰) 2213	(49,2‰) 2112	„ 263	(49,2‰) 364
		$m = 10$	5505	„ 5348	„ 5287	„ 157	„ 218

für 10jährige Abstände in Eintrittsalter x und Dauer n im folgenden zusammenstellen:

Zusammenstellung 19. Zillmersche Höchstwerte $\bar{\alpha}$ für die Abschlußkosten.

E. A.	Dauer der Versicherung 10	20	30	40	50	60	70
20	88,6‰	32,9‰	16,9‰	10,2‰	7,4‰	6,5‰	6,3‰
30	89,3‰	34,3‰	19,0‰	13,4‰	11,6‰	11,4‰	
40	88,4‰	34,5‰	20,9‰	17,2‰	16,6‰		
50	86,8‰	36,0‰	25,9‰	24,4‰			
60	81,6‰	37,2‰	32,7‰				
70	73,4‰	43,9‰					
80	61,6‰						

Bei gleichem Eintrittsalter nehmen die Zillmersätze mit der Versicherungsdauer erst sehr rasch, dann immer langsamer ab (Verhalten der Zeilen). Bei gleicher Dauer nehmen die Zillmersätze (mit Ausnahme der Dauer 10) mit dem Eintrittsalter zu (Verhalten der Spalten). Bei gleichem Endalter nehmen die Zillmersätze mit dem Eintrittsalter erst langsam, dann immer rascher zu (Verhalten der Diagonalen).

NB.! Die Werte der letzten Diagonale enthalten die Zillmersätze für die lebenslängliche Todesfallversicherung.

Aus der Formel für die Kürzung ${}_mK = \frac{\alpha}{\mathbf{a}_{x\overline{n}|}} \cdot \mathbf{a}_{x+m\,\overline{n-m}|}$,

welche für die $x+1$-Methode in ${}_m\overline{K} = \frac{\overline{\alpha}}{\mathbf{a}_{x\overline{n}|}} \cdot \mathbf{a}_{x+m\,\overline{n-m}|}$ $= (P_{x+1\,\overline{n-1}|} - P_{x\overline{n}|}) \cdot \mathbf{a}_{x+m\,\overline{n-m}|}$ übergeht, ersieht man ferner, daß diese Kürzung in den einzelnen Versicherungsjahren proportional dem Leibrentenwert $\mathbf{a}_{x+m\,\overline{n-m}|}$ ist; Proportionalitätsfaktor ist die gleichbleibende Tilgungsrate $\frac{\alpha}{\mathbf{a}_{x\overline{n}|}} \left(\text{bzw. } \frac{\overline{\alpha}}{\mathbf{a}_{x\overline{n}|}}\right)$.

Für die lebenslängliche Todesfallversicherung gilt Entsprechendes.

2. Die Umrechnung der Bruttoreserve bei Änderung des Zillmersatzes.

Es sei schließlich auch noch gezeigt, wie man die Umrechnung einer Bruttoreserve ${}_mV_{\mathrm{I}}$ in die entsprechende Bruttoreserve ${}_mV_{\mathrm{II}}$ vorzunehmen hat, wenn man von einem Zillmersatz α zu einem anderen Zillmersatz β übergehen will.

$$ {}_mV_{\mathrm{I}} = {}_mV(1+\alpha) - \alpha; \quad {}_mV_{\mathrm{II}} = {}_mV(1+\beta) - \beta; $$

$$ {}_mV_{\mathrm{I}} - {}_mV_{\mathrm{II}} = {}_mV \cdot (\alpha - \beta) - (\alpha - \beta); $$

$$ {}_mV_{\mathrm{II}} = {}_mV_{\mathrm{I}} + (\alpha - \beta) \cdot (1 - {}_mV) = {}_mV_{\mathrm{I}} + {}_mE. $$

Man hat also einfach zu der bisherigen Bruttoreserve ${}_mV_{\mathrm{I}}$ die Größe ${}_mE = (1 - {}_mV) \cdot (\alpha - \beta)$, also z. B. bei der gemischten Versicherung ${}_mE = (\alpha - \beta) \frac{\mathbf{a}_{x+m\,\overline{n-m}|}}{\mathbf{a}_{x\overline{n}|}}$, d. h. den noch unter Risiko stehenden Teil der Differenz der ersten Kosten hinzuzufügen; ist $\alpha > \beta$, so ist ${}_mE > 0$; ist $\alpha < \beta$, so ist ${}_mE < 0$. Bei einer Ermäßigung des Zillmersatzes hat man also eine Erhöhung, bei einer Erhöhung des Zillmersatzes eine Erniedrigung der Bruttoreserve vorzunehmen.

Um diese Verhältnisse auch zahlenmäßig schildern zu können, wollen wir noch ein 2. Beispiel behandeln, bei dem besonders die

Verhältnisse in den ersten und den letzten Versicherungsjahren näher gezeigt seien. Als Beispiel wählen wir die folgende gemischte Versicherung:

$$x = 30 \quad n = 20 \quad S = 10000\text{ M.};\ S \cdot P_{30\overline{20|}} = 402{,}45\text{ M.}$$

(Fortsetzung S. 126!)

Zusammenstellung 20.

Verhalten der Bruttoreserve bei einer Änderung des Zillmersatzes.

Vers.-Jahr	Netto-reserve	$\bar{\alpha} = 34{,}268^0/_{00}$		$\beta = 25^0/_{00}$			$\beta' = 40^0/_{00}$		
		Brutto-reserve	Kür-zung	Er-höhung	Brutto-reserve	Kür-zung	Ermä-ßigung	Brutto-reserve	Kür-zung
m	$_mV$	$_mV_{\mathrm{I}}$	$_mK_{\mathrm{I}}$	$_mE_{\mathrm{I}}$	$_mV_{\mathrm{II}}$	$_mK_{\mathrm{II}}$	$_mE_{\mathrm{II}}$	$_mV_{\mathrm{III}}$	$_mK_{\mathrm{III}}$
	M.	M.	M.	M.	M.	M.	M.	M.	M.
1	331	—	331	+90	+90	241	—54	—54	385
2	675	355	320	+86	441	234	—53	302	374
3	1033	726	307	+83	809	224	—51	675	358
4	1404	1109	295	+80	1189	215	—48	1061	343
5	1790	1509	281	+76	1585	205	—46	1463	327
10	3966	3759	207	+56	3815	151	—34	3725	241
15	6638	6523	115	+31	6554	84	—19	6504	134
16	7246	7152	94	+28	7177	69	—16	7136	110
17	7886	7814	72	+20	7834	52	—12	7802	84
18	8555	8505	50	+13	8518	37	— 8	8491	58
19	9259	9224	35	+ 7	9231	28	— 4	9220	39
20	10000	10000	—	—	10000	—	—	10000	—

Erläuterung:

Es ist z. B. nach 4 Jahren die Nettoreserve 1404 M. bei Anwendung der $x+1$-Methode um 295 M. zu kürzen, so daß die Bruttoreserve nunmehr 1109 M. beträgt. Geht man in diesem Zeitpunkt von dem Satz $\bar{\alpha}$ auf $\beta = 25^0/_{00}$ zurück, so ist die Bruttoreserve nun um 80 M. auf 1189 M. zu erhöhen, so daß die Kürzung der Nettoreserve nunmehr 215 M. beträgt.

Würde man aber den bisherigen Satz $\bar{\alpha}$ auf $\beta' = 40^0/_{00}$ erhöhen, so könnte man die Bruttoreserve 1109 noch um 48 M. kürzen, so daß die Nettoreserve 1404 M. insgesamt um 343 M. gekürzt wäre.

Wir berechnen erst die Nettoreserve.

$$_mV \cdot S = \left(1 - \frac{\mathbf{a}_{x+m\,\overline{n-m}|}}{\mathbf{a}_{x\overline{n}|}}\right) \cdot S$$

für die einzelnen in Betracht kommenden Jahre: $m = 1, 2, 3, 4, 5; 10, 15, 16, 17, 18, 19, 20$. Dann bestimmen wir die Prämie $S \cdot P_{31\,\overline{19}|} = 427{,}83$ M.; die Differenz $(P_{31\,\overline{19}|} - P_{30\,\overline{20}|}) \cdot S = 25{,}38$ M. ist bei Anwendung der $x + 1$-Methode die jährliche Tilgungsrate für die ersten Kosten; das Produkt aus 25,38 M. und dem Rentenwert $\mathbf{a}_{30\,\overline{20}|} = 13{,}502$ führt zum Zillmersatz: $\bar{\alpha} = 34{,}268\,^0/_{00}$. Die diesem $\bar{\alpha}$ entsprechende Kürzung $_m\bar{K}$ der Nettoreserve nach m Versicherungsjahren ist $_mK_{\mathrm{I}} = 25{,}38 \cdot \mathbf{a}_{x+m\,\overline{n-m}|}$.

Wir wollen aber bei diesem Beispiel nicht nur eine Herabsetzung des aus der $x + 1$-Methode (I) sich ergebenden Zillmersatzes $\bar{\alpha} = 34{,}268^0/_{00}$ auf $\beta = 25^0/_{00}$ (II), sondern auch eine Erhöhung desselben Satzes von $\bar{\alpha} = 34{,}268^0/_{00}$ auf $\beta' = 40^0/_{00}$ (III) vornehmen. Im Fall II erscheint im 1. Jahr eine positive, im Fall III eine negative Bruttoreserve; für den Zillmersatz $\bar{\alpha}$ der $x + 1$-Methode ist die Reserve gerade Null. Die Ergebnisse der dazugehörigen umfangreichen Berechnungen sind in der Zusammenstellung 20 (S. 125) übersichtlich wiedergegeben; es bedeutet

$_mK_{\mathrm{I}}$ die Kürzung der Nettoreserve bei einem Zillmersatz $\bar{\alpha} = 34{,}268^0/_{00}$,

$_mK_{\mathrm{II}}$ die Kürzung der Nettoreserve bei einem Zillmersatz $\beta = 25^0/_{00}$,

$_mK_{\mathrm{III}}$ die Kürzung der Nettoreserve bei einem Zillmersatz $\beta' = 40^0/_{00}$,

$_mE_{\mathrm{I}}$ die Erhöhung der Bruttoreserve I auf die Bruttoreserve II,

$_mE_{\mathrm{II}}$ die Ermäßigung der Bruttoreserve I auf die Bruttoreserve III.

(Zusammenstellung 20 nebst Erläuterung auf S. 125).

V. Kapitel.

Die Versicherung verbundener Leben.

§ 1. Die Erlebenswahrscheinlichkeit bei verbundenen Leben.

Der Einfachheit halber wollen wir nur den Fall zweier Personen betrachten, z. B. Mann und Frau oder Vater (bzw. Mutter) und Kind, an deren gleichzeitiges Erleben eines bestimmten Zeitpunktes die Auszahlung einer bestimmten Summe geknüpft ist. Die Auflösung eines solchen Paares verbundener Leben geschieht durch den Tod oder durch das

Ausscheiden eines Teils aus der Versicherung. Da beim Eintritt in die Versicherung nicht entschieden werden kann, welcher von beiden Teilen zuerst ausscheidet, müssen die beiden Möglichkeiten ins Auge gefaßt werden. Genaugenommen müßte man auch für jeden Teil eine andere Sterbetafel wählen; wir wollen aber der Einfachheit halber davon Abstand nehmen und für beide Teile die gleiche Absterbeordnung voraussetzen. Ist x die Zahl der vollendeten Lebensjahre des Mannes, y die Zahl der vollendeten Lebensjahre der Frau, so ist die Wahrscheinlichkeit dafür, daß der Mann nach n Jahren noch leben wird, gegeben durch ${}_np_x = \frac{l_{x+n}}{l_x}$; für die Frau ist dieselbe Wahrscheinlichkeit ${}_np_y = \frac{l_{y+n}}{l_y}$. Setzen wir nun weiterhin voraus, daß diese beiden Erlebenswahrscheinlichkeiten voneinander unabhängig sind — was in Wirklichkeit nicht ganz zutrifft, da oft der Tod des einen Teils den des anderen beschleunigt — so ist die Wahrscheinlichkeit ${}_np_{xy}$ dafür, daß das Paar den festgesetzten Termin gemeinsam erlebt, gleich dem Produkt der beiden Erlebenswahrscheinlichkeiten ${}_np_x$ und ${}_np_y$.

$$ {}_np_{xy} = {}_np_x \cdot {}_np_y = \frac{l_{x+n} \cdot l_{y+n}}{l_x \cdot l_y}. $$

Auf dieser Wahrscheinlichkeit ${}_np_{xy}$ und dem Diskontierungsfaktor v^n kann die ganze Versicherung verbundener Paare aufgebaut werden.

§ 2. Die Erlebensfallversicherung verbundener Paare.

a) Einmalige Prämie:

Soll in dem Falle, daß das Paar x, y gemeinsam das Ende des n-ten Versicherungsjahres erlebt, die Summe 1 ausbezahlt werden, so ist die einmalige Prämie ${}_nE_{xy}$ gegeben durch den Ausdruck:

$$ {}_nE_{xy} = {}_np_{xy} \cdot v^n = \frac{l_{x+n} \cdot l_{y+n} \cdot v^n}{l_x \cdot l_y}. $$

Zur Vereinfachung der Berechnung führen wir — wie in § 16 Kap. II die diskontierten Lebenden — so hier diskontierte Zahlen von lebenden, d. h. nicht aufgelösten Paaren (kurz diskontierte Paare) ein:

$$ D_{xy} = v^x \cdot l_x \cdot l_y = D_x \cdot l_y. $$

(NB. Manchmal diskontiert man auch nach dem jüngeren Alter, das in der Regel y ist.) Analog der Einmalprämie eines Versicherten erhalten wir als Einmalprämie eines versicherten Paares:

$$ {}_nE_{xy} = \frac{D_{x+n,\, y+n}}{D_{xy}}. \qquad (\mathrm{I_e}) $$

Um Berechnungen wirklich durchführen und Tarife aufstellen zu können, bedarf es sehr ausgedehnter Tabellen sowohl für die Produkte $l_x \cdot l_y$, wie für die diskontierten Paare D_{xy} (für die nachfolgenden Rentenrechnungen braucht man auch Tabellen für die Summen $N_{xy} = \Sigma D_{xy}$). Es ist unmöglich, dieselben hier abzudrucken, da theoretisch alle Alter zwischen 0 und 90 miteinander verbunden vorkommen können: Mann und Frau, Vater und Kind; Großvater und Enkel. Am zweckmäßigsten wird man alle Tabellen für verbundene Paare nach dem Altersunterschied $x - y$ anordnen, da dieser während der ganzen Versicherungsdauer der gleiche bleibt. Für die im nachfolgenden behandelten Beispiele sind die entsprechenden Werte der D_{xy} und N_{xy} dem Tabellenwerk von Riem „Nettorechnungen auf Grund der 23. d. G. MWI zu 3% für 2 Leben", Basel 1898 entnommen. (Von Riem sind auch „Nettorechnungen zu 3% und zu 3½% MWI für ein Leben erschienen.)[1]) Da die Formeln für 2 Leben denen für 1 Leben ganz konform verlaufen, können wir hier gleich die Ausdrücke für die jährliche Prämie und für die betreffenden Reserven anschließen.

[1]) Vgl. S. 34 Fußnote

b) Jährliche Prämie:

Die jährliche Prämie wird so lange bezahlt, als das Paar verbunden ist, höchstens jedoch bis zum Erlebensfalltermin. Nehmen wir das Ergebnis der Entwicklung über die temporäre Verbindungsrente $\mathbf{a}_{xy\overline{n}|}$ gleich vorweg (§ 3b), so erhalten wir für die jährliche Prämie den Ausdruck:

$$ {}_nP_{xy}({}_nE_{xy}) = \frac{{}_nE_{xy}}{\mathbf{a}_{xy\overline{n}|}} = \frac{D_{x+n,\,y+n}}{N_{xy} - N_{x+n,\,y+n}}. \qquad (\mathrm{I}_j) $$

c) Die Prämienreserve:

Die Reserve bei einmaliger Prämie ist gleich der Einmalprämie eines Paares $x + m$, $y + m$ für eine Erlebensfallversicherung auf die restliche Dauer $n - m$:

$$ {}_mV({}_nE_{xy}) = {}_{n-m}E_{x+m,\,y+m} = \frac{D_{x+n,\,y+n}}{D_{x+m,\,y+m}}. \qquad (\mathrm{I}_e^r) $$

Die Reserve bei jährlicher Prämie unterscheidet sich von diesem Wert um den Barwert der noch ausstehenden Prämien, d. h. den Wert einer Verbindungsrente in Höhe der Prämie auf den Rest der Versicherungsdauer:

$$ {}_mV({}_nP_{xy}({}_nE_{xy})) = {}_{n-m}E_{x+m,\,y+m} - {}_nP_{xy} \cdot \mathbf{a}_{x+m,\,y+m\,\overline{n-m}|}. \qquad (\mathrm{I}_j^r) $$

Beispiel: Ein Brautpaar $x = 35$, $y = 30$ schließt eine Versicherung in der Weise ab, daß es — falls es die silberne Hochzeit erlebt — eine Summe von 5000 M. erhält. Bestimme die einmalige und die jährliche Prämie, sowie die Reserven nach 15 Jahren!

a) Die einmalige Prämie:

$$ {}_nE_{xy} \cdot S = \frac{D_{60,\,55}}{D_{35,\,30}} \cdot S = \frac{6137 \cdot 5000}{28452} = \mathbf{1078{,}5\ M.} $$

(Zum Vergleich: ${}_nE_x \cdot S = \mathbf{1526{,}7}$; ${}_nE_y \cdot S = \mathbf{1687{,}0}$ **M.** mit 3% gerechnet!)

b) Die jährliche Prämie (zu bezahlen bis zur Auflösung des Paares, höchstens jedoch 25 Jahre):

$$ {}_nP_{xy}({}_nE_{xy}) \cdot S = \frac{{}_nE_{xy}}{\mathbf{a}_{xy\overline{n}|}} \cdot S = \frac{D_{60,\,55}}{N_{35,\,30} - N_{60,\,55}} \cdot S $$

$$ = \frac{6137 \cdot 5000}{401569} = \mathbf{76{,}41\ M.} $$

(Zum Vergleich: ${}_nP({}_nE_x) \cdot S = \mathbf{97{,}54}$ **M.**; ${}_nP({}_nE_y) \cdot S = \mathbf{105{,}35}$ **M.** (3% !))

c) Die Reserve bei einmaliger Prämie:

$$ {}_mV({}_nE_{xy}) \cdot S = {}_{n-m}E_{x+m,\,y+m} \cdot S $$

$$ = \frac{D_{60,\,55}}{D_{50,\,45}}\, S = \frac{6137 \cdot 5000}{12732} = \mathbf{2410\ M.} $$

(Zum Vergleich: ${}_mV({}_nE_x) \cdot S =$ **2894,9 M.**; ${}_mV({}_nE_y) \cdot S =$ **3097,5 M.** (3% !))

d) Die Reserve bei jährlicher Prämie:

$$ {}_mV({}_nE_{xy}) \cdot S - {}_nP_{xy} \cdot S \cdot \mathbf{a}_{x+m,\,y+m\,\overline{n-m}|} $$

$$ = 2410 - \frac{N_{50,\,45} - N_{60,\,55}}{D_{50,\,45}} \cdot 76{,}41 $$

$$ = 2410 - 7{,}518 \cdot 76{,}41 $$

$$ = 2410 - 574{,}45 = \mathbf{1835{,}55\,M.} $$

(Zum Vergleich:
${}_mV({}_nP({}_nE_x)) =$ **2112,4 M.**; ${}_mV({}_nP({}_nE_y)) =$ **2233,1 M.** (3% !))

§ 3. Die Leibrente für verbundene Paare.

a) Die Verbindungsrente bis zur Auflösung des Paares.

Die Rente wird bis zu der durch den Tod des zuerst sterbenden Teiles bewirkten Auflösung des Paares gezahlt. Ihr Wert setzt sich zusammen aus den einmaligen Prämien ${}_\nu E_{xy}$ für die Erlebensfallversicherung des Paares, bezogen auf die einzelnen in Betracht kommenden Termine ν.

α) vorschüssige Rente: $\nu = 0, 1, 2, \ldots$

$$ \mathbf{a}_{xy} = {}_0E_{xy} + {}_1E_{xy} + {}_2E_{xy} + \cdots $$

$$ = \frac{D_{xy} + D_{x+1,\,y+1} + D_{x+2,\,y+2} + \cdots}{D_{xy}} = \frac{N_{xy}}{D_{xy}} \ldots \quad \text{II} $$

β) nachschüssige Rente: $\nu = 1, 2, 3, \ldots$

$$ a_{xy} = {}_1E_{xy} + {}_2E_{xy} + {}_3E_{xy} + \cdots $$

$$ = \frac{D_{x+1,\,y+1} + D_{x+2,\,y+2} + D_{x+3,\,y+3} + \cdots}{D_{xy}} = \frac{N_{x+1,\,y+1}}{D_{xy}} \ldots \quad \text{II}' $$

b) Die temporäre Verbindungsrente.

Die Rente wird, solange das Paar verbunden ist, höchstens aber n Jahre bezahlt; ihr Wert ist:

vorschüssig: $\mathfrak{a}_{xy\overline{n}|} = \dfrac{N_{xy} - N_{x+n,\,y+n}}{D_{xy}}$ (III)
$\nu = 0, 1, 2, \ldots n-1$

nachschüssig: $a_{xy\overline{n}|} = \dfrac{N_{x+1,\,y+1} - N_{x+n+1,\,y+n+1}}{D_{xy}}$ (III')
$\nu = 1, 2, 3, \ldots n$

c) Die aufgeschobene Verbindungsrente bis zur Auflösung des Paares.

Der Beginn der Rentenzahlung ist um n Jahre aufgeschoben; die Rente wird bis zur Auflösung des Paares bezahlt; ihr Wert ist:

vorschüssig: ${}_{n|}\mathfrak{a}_{xy} = \dfrac{N_{x+n,\,y+n}}{D_{xy}}$ (IV)
$\nu = n,\ n+1,\ n+2 \ldots$

nachschüssig: ${}_{n|}a_{xy} = \dfrac{N_{x+n+1,\,y+n+1}}{D_{xy}}$ (IV')
$\nu = n+1,\ n+2,\ n+3 \ldots$

Bei dieser Rente kommt auch jährliche Prämienzahlung (während der Aufschubszeit) in Betracht:

vorschüssig: ${}_{n}P\,({}_{n|}\mathfrak{a}_{xy}) = \dfrac{{}_{n|}\mathfrak{a}_{xy}}{\mathfrak{a}_{xy\overline{n}|}}$

nachschüssig: ${}_{n}P'\,({}_{n|}a_{xy}) = \dfrac{{}_{n|}a_{xy}}{a_{xy\overline{n}|}}$.

d) Die Verbindungsrente bis zur Auflösung des Paares, gefolgt von einer Änderung der Rente für den überlebenden Teil.

1. Allgemeiner Fall:

Diese Versicherung setzt sich zusammen aus einer Verbindungsrente des Paares bis zu seiner Auflösung und einer von diesem Zeitpunkt an beginnenden lebenslänglichen Leibrente zugunsten des überlebenden Teils, und zwar soll der Mann, falls die Frau zuerst stirbt, von da an eine Rente a, die Frau, falls der Mann zuerst stirbt, von da an eine Rente b

und das Paar, solange es verbunden ist, eine Rente c bis zu seiner Auflösung beziehen. Man erhält die einmalige Prämie für diese Versicherung am einfachsten aus dem Gedanken, daß sich der Mann eine sofort beginnende lebenslängliche Leibrente in der Höhe a, die Frau eine solche in der Höhe b und das Paar eine Verbindungsrente in der Höhe $c - a - b$ kauft; wir erhalten also als Wert dieser Rente:

vorschüssig: $\mathbf{a}(c; a, b) = a \cdot \mathbf{a}_x + b \cdot \mathbf{a}_y + (c - a - b) \cdot \mathbf{a}_{xy}$ (V)

nachschüssig: $\boldsymbol{a}(c; a, b) \doteq a \cdot \boldsymbol{a}_x + b \cdot \boldsymbol{a}_y + (c - a - b) \cdot \boldsymbol{a}_{xy}$ (V')

2. Spezialfälle:

α) Nehmen wir $a = b = c = 1$, so erhalten wir die Verbindungsrente mit vollständigem Übergang der Rente auf die überlebende Person:

$$\mathbf{a}(1; 1, 1) = \mathbf{a}_{\overline{xy}} = \mathbf{a}_x + \mathbf{a}_y - \mathbf{a}_{xy}. \qquad \text{(V 1)}$$

β) Nehmen wir $a = b = {}^1/_2$, $c = 1$, so erhalten wir die Verbindungsrente mit halbem Übergang auf die überlebende Person:

$$\mathbf{a}(1; {}^1/_2, {}^1/_2) = {}^1/_2 \cdot \mathbf{a}_x + {}^1/_2 \cdot \mathbf{a}_y. \qquad \text{(V 2)}$$

Da der Faktor $c - a - b$ von $\mathbf{a}_{xy}$ bei dieser Wahl der Größen a, b, c gerade 0 ist, entsteht der Anschein, als ob diese Art der Versicherung von dem Verbundensein des Paares unabhängig wäre. In der Wirkung ist es natürlich dasselbe, wenn Mann und Frau sich je eine sofort beginnende lebenslängliche Leibrente in der Höhe ${}^1/_2$ kaufen würden.

γ) Nehmen wir $a = 0$, $b = 1$, $c = 0$, so erhalten wir zugunsten der Frau eine Überlebensrente, welche nur dann wirksam wird, wenn der Mann vor der Frau stirbt; sie läuft vom Tode des Mannes bis zum Ableben der nachgelassenen Witwe: lebenslängliche einseitige Überlebensrente:

$$\mathbf{a}(0; 0, 1) = \mathbf{a}_{x|y} = \mathbf{a}_y - \mathbf{a}_{xy} \qquad \text{(V 3)}$$

Will man die jährliche Prämie für eine solche Witwenrente bestimmen, so hat man 2 Arten von Prämienzahlung zu unterscheiden.

α) Die Prämie wird so lange bezahlt, als das Paar verbunden ist: ${}_{xy}P(\mathbf{a}_{x|y}) = \frac{\mathbf{a}_{x|y}}{\mathbf{a}_{xy}}$ (private Witwenkasse).

β) Die Prämie wird so lange bezahlt, als der Mann lebt: ${}_{x}P'(\mathbf{a}_{x|y}) = \frac{\mathbf{a}_{x|y}}{\mathbf{a}_{x}}$ (staatliche Witwenkasse mit Zwangsbeitritt) (Ersatz von y möglich).

e) Die temporäre einseitige Überlebensrente.

Eine der Witwenrente verwandte Art von einseitiger Überlebensrente, jedoch beschränkt auf eine gewisse Höchstzahl von Jahren, findet sich bei der Waisenrente. Hier nimmt x (Vater) zugunsten von z (Kind) eine Rentenversicherung, nach welcher z, falls x innerhalb von n Jahren stirbt, bis an das Ende dieser Frist eine Leibrente 1 beziehen soll.

Die einmalige Prämie für diese Waisenrente ist demnach:

$$\mathbf{a}_{x|z\overline{n}|} = \mathbf{a}_{z\overline{n}|} - \mathbf{a}_{xz\overline{n}|}. \tag{VI}$$

Will man die jährliche Prämie für eine solche Waisenrente berechnen, so hat man 2 Arten von Prämienzahlung zu unterscheiden.

α) Die Prämie wird so lange bezahlt, als beide leben, höchstens aber n Jahre: ${}^{n}_{xz}P(\mathbf{a}_{x|z\overline{n}|}) = \frac{\mathbf{a}_{x|z\overline{n}|}}{\mathbf{a}_{xz\overline{n}|}}$ (private Waisenkasse).

β) Die Prämie wird bezahlt, solange x lebt: ${}_{x}P'(\mathbf{a}_{x|z\overline{n}|}) = \frac{\mathbf{a}_{x|z\overline{n}|}}{\mathbf{a}_{x}}$ (staatliche Waisenkasse mit Zwangsbeitritt; Ersatz von z innerhalb des zulässigen Höchstalters möglich).

NB. Die zu den wichtigsten Arten von Renten verbundener Leben gehörigen Reserven wollen wir nicht erst allgemein entwickeln, sondern gleich an Hand der folgenden Beispiele erörtern

f) Beispiele für die wichtigsten Arten von Verbindungsrenten.

α) Die Verbindungsrente bis zur Auflösung des Paares. Ein Ehepaar ($x = 40$, $y = 30$) kauft sich eine sofort beginnende vorschüssige Rente in der Höhe von $R = 2400$ M., zahlbar bis zur Auflösung des Paares; berechne die Prämie, sowie die Reserve nach 20 Jahren!

1. Die Prämie:

$$\mathbf{a}_{xy} \cdot R = \frac{N_{xy}}{D_{xy}} \cdot R = \frac{349625}{23267} \cdot 2400 = 15{,}027 \cdot 2400 = \mathbf{36064{,}8\,M.}$$

Würden sich beide Teile je eine sofort beginnende lebenslängliche Leibrente in der Höhe von $R/2 = 1200$ M. kaufen, so würde dies eine Ausgabe von $\frac{1}{2}(\mathbf{a}_x + \mathbf{a}_y) \cdot R = 20935{,}2$ M. + 24229,4 M. = **45164,6 M.** (3%!) erfordern. Bei einem solchen Vergleich ist jedoch zu beachten, daß die Verbindungsrente niemals lebenslänglich, sondern stets nur bis zum 1. Todesfall bezahlt wird, während im 2. betrachteten Fall an den Überlebenden noch die halbe Rente bis zu dessen Tod ausbezahlt wird.

2. Die Reserve nach $m = 20$ Jahren:

$$\mathbf{a}_{x+m,\,y+m} \cdot R = \frac{N_{x+m,\,y+m}}{D_{x+m,\,y+m}} \cdot R = \frac{60222}{6814} \cdot 2400 = \mathbf{21211{,}2\ M.}$$

Die Reserve im 2. Fall wäre

$$\frac{1}{2}(\mathbf{a}_{x+m} + \mathbf{a}_{y+m}) \cdot R = 12726 \text{ M.} + 16995 \text{ M.} = \mathbf{29721\ M.}$$

β) Die Verbindungsrente bis zur Auflösung des Paares mit vollständigem (bzw. halbem) Übergang auf den überlebenden Teil.

Ein Ehepaar ($x = 45$, $y = 37$) kauft sich eine sofort beginnende vorschüssige Verbindungsrente, welche nach der Auflösung des Paares in voller (halber) Höhe auf den überlebenden Teil übergeht; berechne die Prämien und die Reserven nach 30 Jahren! ($R = 2400$ M.)

bei vollem Übergang:

1. Die Prämie:

$$\mathbf{a}_{\overline{xy}} \cdot R = (\mathbf{a}_x + \mathbf{a}_y - \mathbf{a}_{xy}) \cdot R = (15{,}875 + 18{,}330 - 13{,}411) \cdot 2400$$
$$= 20{,}794 \cdot 2400 = \mathbf{49905{,}6\ M.}$$

2. Die Reserve nach $m = 30$ Jahren:

$$\mathbf{a}_{\overline{x+m,\,y+m}} \cdot R = (\mathbf{a}_{x+m} + \mathbf{a}_{y+m} - \mathbf{a}_{x+m,\,y+m}) \cdot R$$
$$= (5{,}728 + 8{,}193 - 4{,}487) \cdot 2400 = 9{,}434 \cdot 2400 = \mathbf{22641{,}6\ M.}$$

bei halbem Übergang:

1. Die Prämie: $\mathbf{a}^{\frac{1}{2}}_{\overline{xy}} \cdot R = 17{,}1025 \cdot 2400 = \mathbf{41046}$ **M.**

2. Die Reserve nach $m = 30$ Jahren:

$$\mathbf{a}^{\frac{1}{2}}_{\overline{x+m\;y+m}} \cdot R = 6{,}9605 \cdot 2400 = \mathbf{16705{,}2\ M.}$$

γ) Die Witwenrente:

Ein Ehepaar ($x = 50$, $y = 43$) kauft sich eine vorschüssige Rente in der Höhe von 2400 M., welche nur in dem Falle, daß der Mann zuerst stirbt, an die hinterlassene Witwe bis zu deren Tod zu zahlen ist; berechne 1. die einmalige Prämie, 2. die jährliche Prämie α) zahlbar, solange das Paar verbunden ist, β) zahlbar, solange der Mann lebt, 3. die Reserve für diese Fälle (nach 20 Jahren).

1. Die Einmalprämie:

$$P_1 = \mathbf{a}_{x|y} \cdot R = (\mathbf{a}_y - \mathbf{a}_{xy}) \cdot R = (16{,}518 - 11{,}744) \cdot 2400$$
$$= 4{,}774 \cdot 2400 = \mathbf{11457{,}6\ M.}$$

2. Die Jahresprämie:

$$\text{im Fall } \alpha)\quad P_2 = \frac{\mathbf{a}_{x|y}}{\mathbf{a}_{xy}} \cdot R = \frac{4{,}774 \cdot 2400}{11{,}744} = 0{,}40651 \cdot 2400$$
$$= \mathbf{975{,}62\ M.}$$

$$\text{im Fall } \beta)\quad P_3 = \frac{\mathbf{a}_{x|y}}{\mathbf{a}_x} \cdot R = \frac{4{,}774 \cdot 2400}{14{,}1626} = 0{,}3371 \cdot 2400$$
$$= \mathbf{809{,}04\ M.}$$

3. Die Reserve nach $m = 20$ Jahren:

$$\text{bei Einmalprämie: } V_1 = \mathbf{a}_{x+m|y+m} \cdot R = (\mathbf{a}_{y+m} - \mathbf{a}_{x+m.y+m})\, R$$
$$= (9{,}562 - 5{,}622) \cdot 2400 = 3{,}940 \cdot 2400$$
$$= \mathbf{9456\ M.}$$

bei Jahresprämie:

$$\text{im Fall } \alpha)\quad V_2 = V_1 - \mathbf{a}_{x+m,\,y+m} \cdot P_2 = 9456 - 5{,}622 \cdot 975{,}62$$
$$= \mathbf{3971\ M.}$$

$$\text{im Fall } \beta)\quad V_3 = V_1 - \mathbf{a}_{x+m} \cdot P_3 = 9456 - 7{,}218 \cdot 809{,}04$$
$$= \mathbf{3616\ M.}$$

δ) Die Waisenrente:

Ein Vater ($x = 55$) kauft für sein Kind ($z = 17$) eine vorschüssige Rente im Betrage von 2400 M., welche in dem Falle, daß der Vater zuerst stirbt, der nachgelassenen Waise bis zum vollendeten 24. Lebensjahr bezahlt werden soll. Berechne 1. die einmalige Prämie; 2. die jährliche Prämie: α) nur so lange zu bezahlen, als beide leben, höchstens aber 6 Jahre, β) so lange zu bezahlen, als der Vater lebt, höchstens aber 6 Jahre, γ) so lange zu bezahlen, als der Vater lebt. [NB. Im Falle α) und β) kann, falls beide den

Beginn des letzten (7.) Versicherungsjahres erleben, infolge der vorschüssigen Zahlungsweise keine Rentenleistung mehr zustande kommen; die Höchstzahl von Prämien ist also zweckmäßigerweise auf 6 festzusetzen!] 3. Wie groß ist in allen Fällen die Reserve nach 1, 3, 5, 7 Jahren?

1. Die Einmalprämie:

$$P_1 = \mathbf{a}_{x|z\overline{n}|} \cdot R = (\mathbf{a}_{z\overline{n}|} - \mathbf{a}_{xz\overline{n}|})\ R = (6{,}251 - 5{,}774) \cdot 2400$$
$$= 0{,}477 \cdot 2400 = \mathbf{1144{,}8\ M.}$$

2. Die Jahresprämie α) (zu bezahlen, solange Vater und Kind leben, höchstens aber 6 Jahre):

$$P_2 = \frac{\mathbf{a}_{x|z\overline{n}|}}{\mathbf{a}_{xz\,\overline{n-1}|}}\ R = \frac{0{,}477}{5{,}114} \cdot 2400 = 0{,}09327 \cdot 2400 = \mathbf{223{,}85\ M.}$$

Die Jahresprämie β) (zu bezahlen, solange der Vater lebt, höchstens aber 6 Jahre):

$$P_3 = \frac{\mathbf{a}_{x|z\overline{n}|}}{\mathbf{a}_{x\,\overline{n-1}|}} \cdot R = \frac{0{,}477}{5{,}223} \cdot 2400 = 0{,}09133 \cdot 2400 = \mathbf{219{,}19\ M.}$$

Die Jahresprämie γ) (zu bezahlen, solange der Vater lebt):

$$P_4 = \frac{\mathbf{a}_{x|z\overline{n}|}}{\mathbf{a}_x}\ R = \frac{0{,}477}{12{,}381} \cdot 2400 = 0{,}03853 \cdot 2400 = \mathbf{92{,}47\ M.}$$

3. Die Ergebnisse der Reservenberechnungen seien folgendermaßen zusammengestellt:

Zusammenstellung 21.
Reserven bei einer Waisenrente.

m	V_1 M.	V_2 M.	V_3 M.	V_4 M.
0	1144,80	223,85	219,19	92,47
1	883,20	— 98,34	— 94,80	— 228,60
3	415,20	— 211,58	— 204,01	— 630,82
5	81.60	— 142,25	— 137,59	— 899,04
7	—	—	—	— 916,19

NB. $m = 0$ bedeutet die Prämien!

Wir sehen, daß in diesem Beispiel bei jährlicher Prämienzahlung die Reserve durchwegs negativ ausfällt; die noch ausstehenden Prämien weisen einen Barwert auf, welcher größer als der Wert V_1 der Versicherung ist. Von Rückkauf oder von

Umwandlung in eine prämienfreie Versicherung kann in solchen Beispielen keine Rede sein.

§ 4. Die Todesfallversicherungen für verbundene Paare.

a) Allgemeiner Fall.

Bei solchen Versicherungen handelt es sich in erster Linie um die einmalige Auszahlung einer gewissen Summe in dem Zeitpunkt der Auflösung des Paares (Auszahlung beim ersten Tod). Man kann eine verschiedene Summe festsetzen, je nachdem x oder y als erster stirbt. Sehr oft ist damit aber noch eine Todesfallversicherung für den überlebenden Teil verbunden, so daß beim Tod des zuletzt Sterbenden ebenfalls eine Summe fällig wird (Auszahlung beim zweiten Tod), die gleichfalls verschieden sein kann, je nachdem x oder y als letzter stirbt. Ähnlich wie bei den verbundenen Renten mit teilweisem Übergang auf den überlebenden Teil läßt sich das allgemeine Problem solcher Todesfallversicherungen verbundener Leben in der Weise lösen, daß sich x eine sofort beginnende Todesfallversicherung auf die Summe S_1, y eine ebensolche auf die Summe S_2 nimmt und daß außerdem für den Fall, daß das Paar aufgelöst wird, eine Auszahlung in der Höhe von $S_3 - S_1 - S_2$ fällig wird.

Stirbt x als erster, so wird dabei $S_3 - S_2$ fällig; beim nachfolgenden Tode von y wird noch die Summe S_2 ausbezahlt.

Stirbt y als erster, so wird dabei $S_3 - S_1$ fällig; beim nachfolgenden Tode von x wird noch die Summe S_1 ausbezahlt. Insgesamt wird also in beiden Fällen die Summe S_3 ausbezahlt.

Als einmalige Prämie ergibt sich auf diese Weise der Ausdruck:

$$A(S_1, S_2; S_3 - S_1 - S_2) = A_x \cdot S_1 + A_y \cdot S_2 + (S_3 - S_1 - S_2) A_{xy}. \quad \text{(VII)}$$

b) Spezielle Fälle.

α) $S_1 = 0, S_2 = 0; S_3 = 1$, also Auszahlung der Versicherungssumme beim ersten Todesfall: in diesem Fall wird nur bei der Auflösung des Paares eine Zahlung fällig. Die einmalige Prämie erhalten wir genauso, wie die einmalige Prämie für die sofort beginnende lebenslängliche Todesfallversicherung für ein Leben.

Von den zu Beginn vorhandenen $l_x \cdot l_y$ Paaren werden im Laufe des 1. Jahres $d_{xy} = l_x \cdot l_y - l_{x+1} \cdot l_{y+1}$ aufgelöst; die Summen je 1 — am Schluß des Jahres in diesen Fällen ausbezahlt — haben den Barwert $v \cdot d_{xy}$ usw.; führt man die diskontierte Zahl von aufgelösten Paaren $C_{xy} = d_{xy} \cdot v^{x+1}$ und deren Summen $M_{xy} = \Sigma C_{xy}$ — wobei natürlich in allen Gliedern der Summe die Altersdifferenz $x - y$ die gleiche bleibt — ein, so ist die einmalige Prämie dieser Versicherung: $A_{xy} = \frac{M_{xy}}{D_{xy}}$; da aber bei verbundenen Paaren die Beziehung: $M_{xy} = \Sigma C_{xy} = D_{xy} - d \cdot \Sigma D_{xy} = D_{xy} - d \cdot N_{xy}$ bestehenbleibt, so sind eigene Tabellen für C_{xy} und M_{xy} nicht unbedingt notwendig; es können alle Berechnungen mit den Größen D_{xy} und N_{xy} allein durchgeführt werden. Auf Grund dieser Beziehung wird dann die einmalige Prämie:

$$A_{xy} = 1 - d \cdot \mathbf{a}_{xy}, \qquad \text{(VII 1)}$$

die jährliche — bis zur Auflösung des Paares zu zahlende — Prämie: $P_{xy} = \frac{1}{\mathbf{a}_{xy}} - d$. (VII′ 1) Bei dieser Versicherung ist für den Witwer, bzw. für die Witwe und für eventuelle Waisen gleichmäßig gesorgt.

β) $S_1 = 1, S_2 = 1; S_3 = 1$, also Auszahlung der Versicherungssumme beim zweiten Todesfall: in diesem Fall erfolgt die Auszahlung des Kapitals erst beim Tode des Überlebenden; diese Versicherung ist mehr für die Versorgung von Doppelwaisen geeignet.

1. Die einmalige Prämie:

$$A_{\overline{xy}} = A_x + A_y - A_{xy} = (1 - d \cdot \mathfrak{a}_x) + (1 - d \cdot \mathfrak{a}_y) \quad \text{(VII 2)}$$
$$- (1 - d \cdot \mathfrak{a}_{xy}) = 1 - d \cdot (\mathfrak{a}_x + \mathfrak{a}_y - \mathfrak{a}_{xy}) = 1 - d \cdot \mathfrak{a}_{\overline{xy}}$$

2. Die jährliche Prämie:

zu bezahlen, solange beide leben: $P_1 = \frac{A_{\overline{xy}}}{\mathfrak{a}_{xy}}$, (VII′ 2)

zu bezahlen, solange eines von beiden lebt:

$$P_2 = \frac{A_{\overline{xy}}}{\mathfrak{a}_{\overline{xy}}} = \frac{1}{\mathfrak{a}_{\overline{xy}}} - d\,, \quad \text{(VII″ 2)}$$

zu bezahlen, solange x lebt $P_3 = \frac{A_{\overline{xy}}}{\mathfrak{a}_x}$, (VII‴ 2)

zu bezahlen, solange y lebt: $P_4 = \frac{A_{\overline{xy}}}{\mathfrak{a}_y}$. (VII⁗ 2)

γ) $S_1 = {}^1/_2$, $S_2 = {}^1/_2$ $S_3 = 1$, also Auszahlung je der halben Versicherungssumme beim ersten und beim zweiten Todesfall. Hier wird sowohl beim Tode von x, wie beim Tode von y die Summe ${}^1/_2$, insgesamt also die Summe 1 in gleichen Teilen ausgezahlt. Die einmalige Prämie ist:

$$A({}^1/_2, {}^1/_2; 1) = {}^1/_2 \cdot A_x + {}^1/_2 \cdot A_y\,. \quad \text{(VII 3)}$$

Der Faktor von A_{xy} verschwindet; die Versicherung hat dieselbe Wirkung, wie wenn beide Teile sich je auf die Summe ${}^1/_2$ versichert hätten.

γ') $S_1 = {}^1/_2$, $S_2 = {}^1/_2$; $S_3 = {}^3/_2$, also Auszahlung der ganzen Versicherungssumme beim ersten Todesfall und außerdem der halben Versicherungssumme beim zweiten Todesfall. In diesem Falle wird bei der Auflösung des Paares die Summe 1 und beim nachfolgenden Tod des überlebenden Teils außerdem noch die Summe ${}^1/_2$ fällig.

Einmalprämie:

$$A({}^1/_2, {}^1/_2; {}^3/_2) = (A_x + A_y + A_{xy}) \cdot {}^1/_2. \quad \text{(VII 3′)}$$

Diese Versicherung ist eine weitere Verbesserung der Versorgung der Hinterbliebenen, da beim ersten Tod doppelt soviel ausbezahlt wird als beim zweiten Tod. Im vorigen Fall wurde beide Male gleichviel ausbezahlt.

c) Die gemischte Versicherung verbundener Paare.

Eine Gruppe für sich bildet die folgende der gemischten Versicherung für ein Leben nachgebildete Versicherung: Die Summe 1 wird entweder bei der Auflösung des Paares oder, wenn diese Auflösung bis zum Ende des n-ten Jahres noch nicht erfolgt ist, an diesem Zeitpunkt ausbezahlt.

•Einmalige Prämie: $A_{xy\overline{n}|} = 1 - d \cdot \mathbf{a}_{xy\overline{n}|}$; (VIII)

jährliche Prämie $P_{xy\overline{n}|} = \frac{1}{\mathbf{a}_{xy\overline{n}|}} - d.$ (VIII')

NB.: $\mathbf{a}_{xy\overline{n}|}$ ist die temporäre Verbindungsrente des Paares x, y auf die Dauer n: $\mathbf{a}_{xy\overline{n}|} = \frac{N_{xy} - N_{x+n, y+n}}{D_{xy}}$ [§ 36 (III) S. 131].

NB.! Die zu den in diesem § 4 behandelten Kapitalversicherungen verbundener Leben gehörigen Reserven wollen wir gleich an Hand von Beispielen erörtern.

d) Beispiele.

α) Die Todesfallversicherung mit Auszahlung des Kapitals beim 1. Todesfall:

Ein gleichaltriges Ehepaar ($x = y = 30$) will sich auf eine Summe von 20000 M., zahlbar bei Auflösung des Paares, versichern. Berechne 1. die einmalige Prämie,
2. die jährliche Prämie zahlbar, solange das Paar verbunden ist,
3. die Reserve nach 30 Jahren.

$x = 30$, $y = 30$; $x - y = 0$; $S = 20000$ M.; $m = 30$;
$1 - v = d = 0{,}02913$ (3% !).

1. Einmalprämie:

$$P_1 = A_{xy} \cdot S = S \cdot (1 - d \cdot \mathbf{a}_{xy}) = S \cdot (1 - 0{,}02913 \cdot 16{,}594)$$
$$= 20000 \cdot 0{,}5166 = \mathbf{10332\ M.}$$

2. Jahresprämie:

$$P_2 = S \cdot \left(\frac{1}{\mathbf{a}_{xy}} - d\right) = S \cdot (0{,}06026 - 0{,}02913)$$
$$= 20000 \cdot 0{,}03113 = \mathbf{622{,}6\ M.}$$

Vergleicht man diese beiden Prämien mit den Prämien für die einzelnen Leben: $P_1' =$ **8238 M.**; $P_2' =$ **408 M.**, so sieht man, daß letztere kleiner sind; die Auszahlung erfolgt hier nur bei dem bestimmten Todesfall, welcher auch der 2. werden kann, also wird unter Umständen die V. Summe später fällig, als bei unserer Versicherung α).

3. Die Reserven nach $m = 30$ Jahren:
bei Einmalprämie:

$$V_1 = A_{x+m,\,y+m} \cdot S = (1 - d \cdot \mathbf{a}_{x+m,\,y+m}) \cdot S = \mathbf{15568\ M.}$$

bei Jahresprämie:

$$V_2 = V_1 - P_2 \cdot \mathbf{a}_{x+m,\,y+m} = S \cdot \left(1 - \frac{\mathbf{a}_{x+m,\,y+m}}{\mathbf{a}_{xy}}\right) = \mathbf{10832\ M.}$$

β) Die Todesfallversicherung mit Auszahlung des Kapitals beim 2. Todesfall:

Ein Ehepaar ($x = 45$, $y = 35$) schließt eine Versicherung auf die Summe von 15000 M., zahlbar erst beim 2. Todesfall, ab; berechne 1. die einmalige Prämie,
2. die jährliche Prämie in den folgenden Fällen:
zahlbar, solange beide leben,
zahlbar, solange eines von beiden lebt,
zahlbar, solange der Mann (x) lebt,
zahlbar, solange die Frau (y) lebt,
3. die Reserve nach 20 Jahren in diesen Fällen!

$x = 45$, $y = 35$; $x - y = 10$; $S = 15000$ M.; $m = 20$.

1. Einmalprämie:

$$P_1 = A_{\overline{xy}} \cdot S = (A_x + A_y - A_{xy}) \cdot S = (1 - d \cdot \mathbf{a}_{\overline{xy}}) \cdot S = \mathbf{5752{,}08\ M.}$$

2. Jahresprämien:

$$P_2 = \frac{A_{\overline{xy}} \cdot S}{\mathbf{a}_{xy}} = \mathbf{423{,}00\ M.}$$

$$P_3 = \frac{A_{\overline{xy}} \cdot S}{\mathbf{a}_{\overline{xy}}} = \left(\frac{1}{\mathbf{a}_{\overline{xy}}} - d\right) \cdot S = \mathbf{271{,}74\ M.}$$

$$P_4 = \frac{A_{\overline{xy}} \cdot S}{\mathbf{a}_x} = \mathbf{362{,}33\ M.}$$

$$P_5 = \frac{A_{\overline{xy}} \cdot S}{\mathbf{a}_y} = \mathbf{304{,}50\ M.}$$

3. Reserven nach $m = 20$ Jahren:
bei Einmalprämie:

$$V_1 = A_{\overline{x+m,\,y+m}} \cdot S = \mathbf{8902{,}41\ M.}$$

bei Jahresprämie:

$$V_2 = V_1 - P_2 \cdot \mathbf{a}_{x+m,\,y+m} = \mathbf{5815{,}82\ M.}$$

$$V_3 = V_1 - P_3 \cdot \mathbf{a}_{\overline{x+m,\,y+m}} = \mathbf{5109{,}82\ M.}$$

$$V_4 = V_1 - P_4 \cdot \mathbf{a}_{x+m} = \mathbf{5687{,}71\ M.}$$

$$V_5 = V_1 - P_5 \cdot \mathbf{a}_{y+m} = \mathbf{5132{,}30\ M.}$$

Vergleichen wir noch für die folgenden 4 Versicherungen:

1. Auszahlung des Kapitals beim Tode von x
2. " " " " " " y
3. " " " " 1. Todesfall
4. " " " " 2. Todesfall

$x = 45$, $y = 35$ Vers.-Summe : 15000 M.

die Werte der einmaligen und der jährlichen Prämien, diese zahlbar jeweils bis zum Versicherungsfall, sowie die Werte der entsprechenden Reserven nach $m = 20$ Jahren.

Zusammenstellung 22.

Vergleich der 4 Versicherungsarten.

	Einmalprämie M.	Jahresprämie M.	Reserve (E. P.) M.	Reserve (J. P.) M.	Unterschied M.
1.	8064,12	507,96	11123,75	6616,96	4506,79
2.	6746,89	357,16	9590,69	5168,60	4422,09
3.	9058.93	666,17	11812,03	6951,03	4861,00
4.	5752,08	271,74	8902,41	5109,82	3792,59

Wie zu erwarten stand, ist die letzte Art die billigste, da die Auszahlung der Versicherungssumme am weitesten hinausgeschoben ist, es folgen die lebenslängliche Todesfallversicherung der Frau (als der jüngeren), diejenige des Mannes (als des älteren); die teuerste Art ist die Auszahlung der Summe beim 1. Todesfall.

γ) Die gemischte Versicherung verbundener Paare:

Ein Ehepaar ($x = 44$, $y = 40$) versichert sich auf eine Summe von 60000 M., zahlbar beim 1. Tod, spätestens jedoch nach Ablauf von 21 Jahren, falls das Paar zu dieser Zeit noch verbunden ist. Berechne 1. die einmalige Prämie, 2. die bis zum Eintritt des Versicherungsfalles zahlbare jährliche Prämie, 3. die Reserve der beiden Fälle nach 10 Jahren.

$x = 44$, $y = 40$, $x - y = 4$, $S = 60000$ M., $n = 21$; $m = 10$

1. Einmalprämie:

$$A_{xy\overline{n}|} \cdot S = S \cdot (1 - d \cdot \mathbf{a}_{xy\overline{n}|}) = 0{,}6529 \cdot 60000 = \mathbf{39174\ M.}$$

$$\mathbf{a}_{xy\overline{n}|} = \frac{N_{44,40} - N_{65,61}}{D_{44,40}} = \frac{235921 - 23967}{17788} = \mathbf{11{,}916\ M.}$$

2. Jahresprämie:

$$P_{xy\overline{n}|} \cdot S = \left(\frac{1}{\mathbf{a}_{xy\overline{n}|}} - d\right) \cdot S = (0{,}08392 - 0{,}02913) \cdot 60000$$

$$= \mathbf{3287{,}4\ M.}$$

3. Reserve nach $m = 10$ Jahren:
bei Einmalprämie:

$$V_1 = S \cdot A_{x+m, y+m \overline{n-m}|} = (1 - d \cdot a_{54, 50 \overline{11}|}) \cdot S = \mathbf{46740\ M.}$$

bei Jahresprämie:

$$V_2 = V_1 - P_{xy\overline{n}|} \cdot a_{54, 50 \overline{11}|} = \left(1 - \frac{a_{54, 50 \overline{11}|}}{a_{44, 40 \overline{21}|}}\right) \cdot S = \mathbf{21794\ M.}$$

NB. Würde sich der Mann oder die Frau eine gemischte Versicherung auf dieselbe Summe S und von gleicher Dauer n kaufen, so wären die entsprechenden Prämien- und Reservenwerte die folgenden:

Zusammenstellung 23.

Vergleich der 3 Versicherungsarten.

	Einmal-prämie M.	Jahres-prämie M.	Reserve bei Einmalpr. M.	Reserve bei Jahrespr. M.	Unterschied der beiden Reserven M.
g. V. von x	36495,99	2713,55	45420,52	22782,18	22638,34
g. V. von y	35779,52	2581,59	44968,47	22763,28	22205,19
g. V. von x, y	39176,45	3287,80	46738,79	21789,72	24949,07

Am billigsten kommt also die Versicherung der Frau, am teuersten die Versicherung des Paares; jedoch sind die Unterschiede zwischen den drei Versicherungsarten nicht sehr groß, da auch der Altersunterschied zwischen Mann und Frau klein ist.

Anhang: Die wichtigsten gesetzlichen Bestimmungen über Prämien- und Reservenberechnung.

A. Das Gesetz über die Beaufsichtigung der privaten Versicherungsunternehmungen (und Bausparkassen) vom 6. 6. 1931.

(Neue Fassung des Gesetzes V. A. G. vom 12. 5. 01.)

a) Zulassung zum Geschäftsbetrieb durch das Reichsaufsichtsamt.

§ 11: „Der Geschäftsplan einer Lebensversicherungsunternehmung hat die von ihr angenommenen Tarife (Staffeln) und die Grundsätze für die Berechnung der Prämien (Entgelte) und Prämienreserven (Deckungsrücklagen) vollständig darzustellen, namentlich auch den Zinsfuß und die Höhe des Zuschlags zur Nettoprämie (Reinentgelt) anzugeben. Beizufügen sind die für die Berechnungen maßgebenden Wahrscheinlichkeitstafeln, besonders über die Sterblichkeit und die Invaliditätsgefahr. Für jede Versicherungsart (z. B. Versicherung auf den Lebens- oder auf den Todesfall, Versicherung einmaliger oder wiederkehrender Leistungen) sind die für die Berechnung der Prämien und der Reserven maßgebenden Formeln vorzulegen und durch ein Zahlenbeispiel zu erläutern."

Wir können schon allein diesem § 11 entnehmen, welchen Wert der Gesetzgeber einer geordneten versicherungstechnischen Grundlage der Lebensversicherung beilegt. Es müssen nicht nur die Tarifprämien (die dem Versicherungsnehmer nebst den allgemeinen Versicherungsbedingungen auszuhändigen sind), sondern auch deren Zerlegung in Nettoprämie und Zuschläge zur Genehmigung eingereicht werden. Die Rechnungsgrundlagen: Zinsfuß, Sterblichkeit, Kosten sind ausdrücklich anzugeben; letztere sind in einmalige und laufende Kosten zu trennen; hinzukommen meist noch Dividenden- und Sicherheitszuschläge. Soweit sie fest in Rechnung gestellt werden können, sind sie in die betreffenden Formeln einzubeziehen; die Formeln sind durch Zahlenbeispiele ausführlich zu erläutern.

Anmerkung zu § 11: Dieser § 11 enthielt vor der Änderung des V. A. G. vom 12. 5. 01 am 29. 4. 20 noch den folgenden Satz: „Auch ist anzugeben, ob und in welchem Maße bei der Berechnung der Prämienreserve eine Methode angewandt werden soll, nach welcher anfänglich nicht die volle Prämienreserve zurückgestellt wird, wobei jedoch der Satz von 12‰ der Versicherungssumme nicht überschritten werden darf." Dieser Satz wurde schließlich völlig gestrichen (erst nur der Zusatz „wobei ..."), da er die Berechnungen in einer dem neueren Standpunkt der Versicherungstechnik nicht entsprechenden Weise eingeschränkt hatte. Die Höhe des Zillmersatzes gehört nun in den Geschäftsplan, und seine Änderung kann wie jede Änderung des Geschäftsplans mit Genehmigung des Amtes jeder Zeit vorgenommen werden.

Gegenwärtig wird vom Amt als Tausendsatz höchstens 35‰ zugelassen.

b) Besondere Vorschriften über die Prämienreserve bei der Lebensversicherung.

§ 65: „Die Prämienreserve (Deckungsrücklage) für Lebensversicherungen ist für die laufenden Versicherungsverträge (einzeln!)

für den Schluß jedes Geschäftsjahres, getrennt nach den einzelnen Versicherungsarten, zu berechnen und zu buchen; dabei sind die Rechnungsgrundlagen des § 11 anzuwenden."

„Durch mindestens einen mit der Berechnung der Deckungsrücklage bei Lebensversicherungsunternehmungen beauftragten Sachverständigen ist — ohne daß dies die Verantwortlichkeit der Vertreter der Unternehmung berührt — unter der Bilanz zu bestätigen, daß die eingestellte Deckungsrücklage nach Absatz 1 berechnet ist." (Für kleinere Vereine gilt Satz 2 nicht.) Wissentlich falsche Bestätigung ist unter schwere Strafe gesetzt (§ 139.) Bei Prämienüberträgen, soweit sie nicht gesondert in der Bilanz aufgeführt werden, ist nur der Reserveteil in die Deckungsrücklage aufzunehmen.

§ 66 behandelt die Zuführung der errechneten Beträge zum Deckungsstock (Prämienreservefonds) und dessen vorschriftsmäßige Anlage, die gesonderte Verwaltung, sowie die Überwachung desselben und die Eintragung der einzelnen Bestandteile in das Deckungsstockverzeichnis (Prämienreserveregister).

§ 67 verlangt das gleiche auch für die in Rückversicherung gegebenen Summen.

§§ 68/69 regeln die Anlage des Deckungsstockes in möglichst sicherer Form: hauptsächlich also in mündelsicheren Werten im Sinne des BGB. § 1807 1, 1—4, insbesondere in Hypotheken, unbelasteten inländischen Grundstücken (letztere höchstens bis zu 25% der gesamten Anlagen).

§§ 70—76 beschäftigen sich mit der Überwachung des Deckungsstocks durch einen eigenen Treuhänder.

§§ 77/78: „Dem Deckungsstock dürfen nur die Beträge entnommen werden, welche durch den Eintritt des Versicherungsfalls, durch Rückkauf oder sonstige Beendigung des Versicherungsverhältnisses oder durch Änderungen des Geschäftsplanes frei werden."

„Im Falle des Konkurses erlöschen die Lebensversicherungsverhältnisse; die Versicherten können die rechnungsmäßige Deckungsrücklage fordern. Diese Forderungen gehen allein den Forderungen aller übrigen Konkursgläubiger vor. Zur Wahrung dieser Rechte wird ein Pfleger aufgestellt."

B. Das Gesetz über den Versicherungsvertrag vom 30. 5. 1908 (VVG.).

Der 3. Abschnitt (§§ 159/78) dieses allgemeinen Gesetzes befaßt sich mit dem Lebensversicherungsvertrag. Für uns kommen hauptsächlich die Bestimmungen über die Änderungen desselben, insbesondere vorzeitige Aufhebung (Löschung oder Storno), also Kündigung, Umwandlung und Rückkauf in Betracht.

§ 165: „Sind laufende Prämien zu entrichten, so kann der Versicherungsnehmer das Versicherungsverhältnis jederzeit für den Schluß der laufenden Versicherungsperiode kündigen. Ist eine Kapitalversicherung für den Todesfall in der Art genommen, daß der Eintritt der Verpflichtung des Versicherers zur Zahlung des vereinbarten Kapitals gewiß ist, so steht das Kündigungsrecht dem Versicherungsnehmer auch dann zu, wenn die Prämie in einer einmaligen Zahlung besteht" (also bei der lebenslänglichen Todesfall- und der gemischten Versicherung gegen Einmalprämie).

§ 173: „Hat das Versicherungsverhältnis mindestens drei Jahre bestanden und ist die Prämie für diesen Zeitraum bezahlt, so gelten die besonderen Vorschriften der §§ 174/76.

a) Umwandlung in eine prämienfreie Versicherung.

§ 174: „Der Versicherungsnehmer kann jederzeit für den Schluß der laufenden Versicherungsperiode die Umwandlung in eine prämienfreie Versicherung verlangen" (auch wenn es sich um kleine Beträge handelt; bei kleinsten Beträgen wird in der Regel Rückkauf angeboten). „Wird die Umwandlung verlangt, so tritt mit dem bezeichneten Zeitpunkt an die Stelle des vereinbarten Kapital- oder Rentenbetrags der Betrag, der sich für das Alter desjenigen, auf dessen Person die Versicherung genommen ist, als Leistung des Versicherers ergibt, wenn die auf die Versicherung entfallende Prämienreserve als einmalige Prämie angesehen wird. Die Prämienreserve ist für den Schluß der laufenden Versicherungsperiode zu berechnen; Prämienrückstände werden von dem Betrag der Prämienreserve abgesetzt. Der Versicherer ist zu einem angemessenen Abzug berechtigt. Ist für den Abzug mit Genehmigung der Aufsichtsbehörde in den allgemeinen Versicherungsbedingungen ein bestimmter Betrag festgesetzt, so gilt dieser als angemessen."

§ 175: „Kündigt der Versicherer das Versicherungsverhältnis nach § 39 VVG. (Zahlungsverzug des Versicherungsnehmers), so wandelt sich mit der Kündigung die Versicherung in eine prämienfreie Versicherung (nach § 174) um." Wenn beim Eintritt des Versicherungsfalles die Folgen des Verzugs nicht beseitigt sind, ist der Versicherer nur zur Zahlung der herabgesetzten Summe verpflichtet.

b) Rückkauf (Herausgabe des Prämienreserveanteils).

§ 176: „Wird eine Kapitalversicherung für den Todesfall, die in der Art genommen ist, daß der Eintritt der Verpflichtung des

Versicherers zur Zahlung des vereinbarten Kapitals gewiß ist, durch Rücktritt oder Kündigung aufgehoben, so hat der Versicherer den Betrag der auf die Versicherung entfallenden Prämienreserve zu erstatten." Die Berechnung der Prämienreserve erfolgt wie in § 174, ebenso ist ein angemessener Abzug gestattet. Als Mindestforderung für die Höhe des Abfindungswertes wurde vom Amt aufgestellt: Der Rückkaufswert ist so lange 60% der Reserve, als diese 30% der Versicherungssumme nicht überschreitet; er wächst um so viele Prozente der Reserve, als diese mehr als 30% der Summe beträgt, bis auf 95% der Reserve. Daneben wurden aber vom Amt auch gleichbleibende Abzüge (z. B. 75% der Reserve) zugelassen. Grundsätzlich muß sich aus den allgemeinen Versicherungsbedingungen Höhe und Berechnungsart des Rückkaufswertes ergeben; auch ist die Gesellschaft verpflichtet, dem Versicherungsnehmer jederzeit auf dessen Verlangen gegen Erstattung der tatsächlich entstehenden Kosten den Rückkaufswert anzugeben.

§ 177: „Ist bei einer Versicherung der im § 176 bezeichneten Art eine einmalige Prämie entrichtet, so gelten die Vorschriften des § 176 auch dann, wenn das Versicherungsverhältnis noch nicht drei Jahre bestanden hat."

(Näheres in der 4. Auflage der von Prof. Dr. H. Rehm begründeten Ausgabe des VAG. 01, eingehend erläutert von Berliner und Fromm; C. H. Beck, München 1932.)

Sterbetafel

Diskontierte Lebende und Tote,

Alter: x, diskontierte Lebende: D_x, deren Summen:
diskontierte Tote: C_x, deren Summen:

Alter	Diskontierte Lebende	Summe der diskontierten Lebenden	Doppelsumme der diskontierten Lebenden	Diskontierte Tote	Summe der diskontierten Toten	Doppelsumme der diskontierten Toten
x	D_x	$N_x = \Sigma D_x$	$S_x = \Sigma N_x = \Sigma\Sigma D_x$	C_x	$M_x = \Sigma C_x$	$R_x = \Sigma M_x = \Sigma\Sigma C_x$
20	50 257	1 031 102	17 547 519	446	15 388	437 703
21	48 111	980 845	16 516 417	426	14 942	422 315
22	46 058	932 734	15 535 572	402	14 516	407 373
23	44 098	886 676	14 602 838	377	14 114	392 857
24	42 230	842 578	13 716 162	353	13 737	378 743
25	40 449	800 348	12 873 584	334	13 384	365 006
26	38 747	759 899	12 073 236	318	13 050	351 622
27	37 119	721 152	11 313 337	304	12 732	338 572
28	35 560	684 033	10 592 185	293	12 428	325 840
29	34 064	648 473	9 908 152	285	12 135	313 412
30	32 627	614 409	9 259 679	278	11 850	301 277
31	31 246	581 782	8 645 270	272	11 572	289 427
32	29 917	550 536	8 063 488	267	11 300	277 855
33	28 638	520 619	7 512 952	261	11 033	266 555
34	27 409	491 981	6 992 333	257	10 772	255 522
35	26 225	464 572	6 500 352	253	10 515	244 750
36	25 085	438 347	6 035 780	249	10 262	234 235
37	23 988	413 262	5 597 433	245	10 013	223 973
38	22 932	389 274	5 184 171	243	9 768	213 960
39	21 914	366 342	4 794 897	240	9 525	204 192
40	20 933	344 428	4 428 555	238	9 285	194 667
41	19 987	323 495	4 084 127	237	9 047	185 382
42	19 074	303 508	3 760 632	236	8 810	176 335
43	18 193	284 434	3 457 124	234	8 574	167 525
44	17 344	266 241	3 172 690	232	8 340	158 951
45	16 525	248 897	2 906 449	229	8 108	150 611
46	15 737	232 372	2 657 552	227	7 879	142 503
47	14 978	216 635	2 425 180	224	7 652	134 624
48	14 248	201 657	2 208 545	223	7 428	126 972
49	13 543	187 409	2 006 888	223	7 205	119 544
50	12 862	173 866	1 819 479	225	6 982	112 339
51	12 201	161 004	1 645 613	228	6 757	105 357
52	11 561	148 803	1 484 609	230	6 529	98 600
53	10 940	137 242	1 335 806	233	6 299	92 071
54	10 337	126 302	1 198 564	234	6 066	85 772

MWI $3\frac{1}{2}\%$.
deren Summen und deren Doppelsummen.

$N_x = \Sigma D_x$, deren Doppelsummen: $S_x = \Sigma\Sigma D_x$,
$M_x = \Sigma C_x$, deren Doppelsummen: $R_x = \Sigma\Sigma C_x$.

Alter	Diskontierte Lebende	Summe der diskontierten Lebenden	Doppelsumme der diskontierten Lebenden	Diskontierte Tote	Summe der diskontierten Toten	Doppelsumme der diskontierten Toten
x	D_x	$N_x = \Sigma D_x$	$S_x = \Sigma N_x = \Sigma\Sigma D_x$	C_x	$M_x = \Sigma C_x$	$R_x = \Sigma M_x = \Sigma\Sigma C_x$
55	9 753	115 965	1 072 262	236	5 832	79 706
56	9 187	106 212	956 297	238	5 596	73 874
57	8 639	97 025	850 085	240	5 358	68 278
58	8 107	88 386	753 060	240	5 118	62 920
59	7 593	80 279	664 674	241	4 878	57 802
60	7 095	72 686	584 395	243	4 637	52 924
61	6 612	65 591	511 709	241	4 394	48 287
62	6 147	58 979	446 118	240	4 153	43 893
63	5 699	52 832	387 139	238	3 913	39 740
64	5 269	47 133	334 307	235	3 675	35 827
65	4 856	41 864	287 174	232	3 440	32 152
66	4 460	37 008	245 310	229	3 208	28 712
67	4 079	32 548	208 302	227	2 979	25 504
68	3 714	28 469	175 754	224	2 752	22 525
69	3 365	24 755	147 285	219	2 528	19 773
70	3 033	21 390	122 530	213	2 309	17 245
71	2 717	18 357	101 140	206	2 096	14 936
72	2 419	15 640	82 783	198	1 890	12 840
73	2 139	13 221	67 143	189	1 692	10 950
74	1 878	11 082	53 922	178	1 503	9 258
75	1 636	9 204	42 840	169	1 325	7 755
76	1 412	7 568	33 636	156	1 156	6 430
77	1 208	6 156	26 068	144	1 000	5 274
78	1 024	4 948	19 912	131	856	4 274
79	858	3 924	14 964	117	725	3 418
80	711	3 066	11 040	107	608	2 693
81	581	2 355	7 974	95	501	2 085
82	466	1 774	5 619	83	406	1 584
83	367	1 308	3 845	71	323	1 178
84	284	941	2 537	58	252	855
85	217	657	1 596	46	194	603
86	163	440	939	36	148	409
87	121	277	499	27	112	261
88	90	156	222	21	85	149
89	66	66	66	64	64	64

Sachregister.

Die fettgedruckten Seitenzahlen geben die Seiten an, welche Tabellen oder Zusammenstellungen für die betreffenden Begriffe enthalten.

FSC
www.fsc.org
MIX
Papier | Fördert gute Waldnutzung
FSC® C083411

Kolibri 360 GmbH
Ferdinand-Jühlke-Straße 7
99095 Erfurt, Deutschland
produktsicherheit@kolibri360.de